低渗透薄互层油藏水力压裂改造技术

——以阿根廷 San Jorge 盆地凝灰质砂岩油藏为例

曲 海 曾义金 著

石油工业出版社

内 容 提 要

本书依据在阿根廷 San Jorge 盆地低渗透薄互层油气田多年研究经历和实践经验，系统完整地阐述了低渗透薄互层油藏改造中地质、完井、压前评价、压后分析、控制裂缝缝高压裂工艺、压裂液评价和现场施工实例。优化的压裂设计方案与新型压裂液有机融合，成功对阿根廷多口井实施压裂改造，效果显著。形成了一套针对低渗透薄互层油藏的压裂理论和工艺方法，是一部实用性较强的压裂工程理论实践专著。

本书可供国内从事低渗透油气藏开采的科研工作者及现场工程师参考阅读。

图书在版编目（CIP）数据

低渗透薄互层油藏水力压裂改造技术：以阿根廷 San Jorge 盆地凝灰质砂岩油藏为例 / 曲海，曾义金著. —北京：石油工业出版社，2021.3
ISBN 978-7-5183-4500-7

Ⅰ.①低… Ⅱ.①曲… ②曾… Ⅲ.①低渗透油气藏-油层水力压裂-改造-研究-阿根廷 Ⅳ.①TE357.1

中国版本图书馆 CIP 数据核字（2021）第 019245 号

出版发行：石油工业出版社
（北京安定门外安华里 2 区 1 号　100011）
网　　址：www.petropub.com
编辑部：（010）64523712
图书营销中心：（010）64523633
经　销：全国新华书店
印　刷：北京晨旭印刷厂

2021 年 3 月第 1 版　2021 年 3 月第 1 次印刷
787×1092 毫米　开本：1/16　印张：10
字数：230 千字

定价：58.00 元
（如出现印装质量问题，我社图书营销中心负责调换）
版权所有，翻印必究

序

  中国低渗透油藏储量十分丰富，其中低渗透薄互层油藏约占低渗透和特低渗透油藏的60%，开采潜力巨大。随着勘探和开发技术进步，低渗透薄互层油藏储量将会进一步提高。由于储层有效厚度薄、层系多、物性差、天然裂缝相对发育、天然能量低等特点，许多已探明的低渗透薄互层油藏难以有效动用。经济且高效地开发该类油气资源需要不断的技术创新。

  水力压裂已成为低渗透油气藏增产改造的必要技术措施。近年来，为开采更加致密的非常规油气藏，水力压裂技术在支撑剂、压裂液、暂堵剂和完井工具等方面取得了长足进步。但是，对于砂泥岩薄互层储层，水力压裂改造仍面临诸多难题。例如，隔层应力差小、水力裂缝高度难以控制、裂缝延伸上下窜层严重，严重影响支撑剂有效铺置，增产效果不明显。亟需依据储层特点，结合最新水力压裂理论与技术，实现有效的水力压裂改造。

  著者针对阿根廷 San Jorge 盆地凝灰质砂岩和泥岩互层的油藏，将低渗透油藏水力压裂理论与多年工作实践相互结合，研究并形成了一套较完整的低渗透砂泥岩薄互层油藏压裂理论和工艺技术。并对 San Jorge 盆地中多口直井实施水力压裂改造，单井增产效果显著提升。该书内容包括储层地质、完井工艺、压前评价、压后分析、缝高控制、低伤害压裂液体系优化和现场应用。

  本书内容逻辑严谨，结构清晰，理论与现场实践有机结合，可为中国低渗透薄互层油气藏的水力压裂增产改造提供理论依据和实践参考。

中国工程院院士：李根生
2021 年 1 月 6 日

前　　言

我国低渗透薄互层油藏占低渗透和特低渗透油藏总储量的 60%，储量巨大。低渗透薄互层油藏是低渗透油藏中最难开采的油藏，如何提高这类油藏的开采效益是摆在我国石油工业面前的迫切任务。目前，水力压裂技术是经济开发低渗透薄互层油藏的重要手段，但是由于这类储层条件复杂且性质多变，单区块内往往需要采用多套压裂工艺方法才能实现有效开采。

笔者结合在阿根廷 San Jorge 盆地多个油田工作的实践，基于大量现场施工数据、室内实验、裂缝数值模拟方法和压裂现场试验，研究和总结出了低渗透薄互层压裂设计优化方法，并将该方法与新型清洁聚合物压裂液有机融合，成功对阿根廷多口油井实施压裂改造，产量得到大幅提高，形成了一整套低渗透薄互层油藏压裂理论和工艺方法。本书系统阐述了地质、完井、压前评价、压后分析、控制缝高压裂工艺、压裂液评价和现场施工实例。希望本书的出版能给我国从事低渗透薄互层油藏或相关工作的专家和同仁们提供一些有益的借鉴和参考。

本书共 6 章，第 1 章介绍低渗透薄互层油藏地质特征；第 2 章介绍完井工艺技术评价；第 3 章阐述压裂施工分析及效果评价；第 4 章重点阐述压裂工艺优化研究；第 5 章介绍压裂液体系性能分析及优化；第 6 章介绍低渗透薄互层油藏压裂技术应用。

本书由曲海策划和统稿。感谢冯彦军在第 2 章、胡誉双在第 3 章和唐世茂在第 4 章撰写中作出的贡献。同时感谢蒋廷学、冯江鹏、张旭东、姚奕明、孔令军、肖超、李贵恩、李行船和邢庆河对室内研究和国外现场施工的帮助和指导。

由于低渗透薄互层油藏压裂技术在不断更新和变化，本书介绍的只是阶段性进展和成果，很多问题还未涉及。由于水平有限，加之时间仓促，其中错漏在所难免，恳请广大读者批评指正。

2021 年 1 月 1 日

目　　录

1 低渗透薄互层油藏地质特征 ………………………………………………………………（1）
　1.1 区域地质特征 …………………………………………………………………………（1）
　1.2 储层特征 ………………………………………………………………………………（8）
　1.3 地层三向压力剖面构建 ………………………………………………………………（12）
　1.4 地应力剖面 ……………………………………………………………………………（16）
　1.5 地层岩石力学参数剖面 ………………………………………………………………（22）
　参考文献 ……………………………………………………………………………………（26）

2 完井工艺技术 ………………………………………………………………………………（27）
　2.1 完井工艺技术评价 ……………………………………………………………………（27）
　2.2 San Jorge 盆地控水射孔工艺分析 ……………………………………………………（29）
　参考文献 ……………………………………………………………………………………（49）

3 压裂施工分析及效果评价 …………………………………………………………………（51）
　3.1 小型压裂测试分析 ……………………………………………………………………（51）
　3.2 压裂砂堵分析 …………………………………………………………………………（62）
　3.3 压后效果评估及再认识 ………………………………………………………………（68）
　参考文献 ……………………………………………………………………………………（95）

4 压裂工艺优化研究 …………………………………………………………………………（97）
　4.1 压裂工艺参数适应性分析 ……………………………………………………………（97）
　4.2 控制缝高压裂工艺优化 ………………………………………………………………（107）
　参考文献 ……………………………………………………………………………………（115）

5 压裂液体系性能分析及优化 ………………………………………………………………（117）
　5.1 阿根廷现用瓜尔胶压裂液性能评价 …………………………………………………（117）
　5.2 清洁聚合物压裂液研究 ………………………………………………………………（127）
　参考文献 ……………………………………………………………………………………（136）

6 低渗透薄互层油藏压裂技术应用 …………………………………………………………（138）
　6.1 重复压裂施工效果 ……………………………………………………………………（138）
　6.2 清洁压裂液试验井分析 ………………………………………………………………（141）
　参考文献 ……………………………………………………………………………………（149）

附录1　清洁压裂液优化泵注程序#基液作为前置液 ……………………………………（150）
附录2　清洁压裂液优化泵注程序#变排量施工 …………………………………………（151）
附录3　清洁压裂液优化泵注程序#大砂量 ………………………………………………（152）

1 低渗透薄互层油藏地质特征

1.1 区域地质特征

San Jorge（圣豪尔赫）盆地位于阿根廷南部，是该国最重要的产油气盆地之一。估计含有 $40×10^8$ bbl 以上的最终可采石油储量。该地区为半干旱气候，半沙漠化地表，1 月平均气温 20℃，7 月平均气温 5℃。盆地内为白垩系沉积，西界为安第斯前缘带，南界为 Deseado 地块，东北部为 Rawson 隆起，西北部为 Patagonian 地块。盆地总面积 $16×10^4 km^2$，其中陆上面积 $9.5×10^4 km^2$，海上面积 $6.8×10^4 km^2$，属于克拉通裂谷盆地[1-3]（图 1.1）。

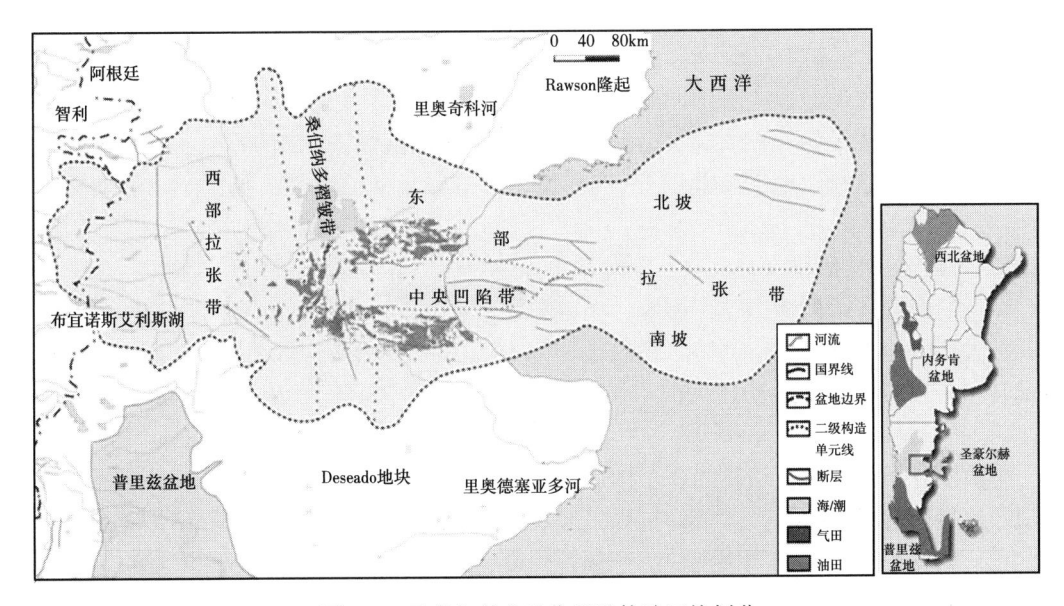

图 1.1 圣豪尔赫盆地位置及构造区块划分

圣豪尔赫盆地是在古生界变质基底上发育的中—新生代盆地，发育三叠纪—早白垩世裂谷和早白垩世—新生代坳陷双层结构。盆地近东西向延伸，至海上转为北东东向，由许多基底正断层构成地垒和地堑，断陷中心在盆地中部靠近沿海地区。基岩的最大埋深约8000m。

该盆地的勘探开发始于 1911 年。早期的石油产自古近系底部 Salamanca 组 Glauconitic 段砂岩，20 年之后发现了白垩系 Chubutiano 组砂岩储层，随后开始大规模钻探工作，证实了盆地南北含油气层系的连续性。

1.1.1 构造演化

圣豪尔赫盆地构造演化与晚古生代联合古陆最后阶段发生的构造事件、联合古陆中生代分裂、南美板块与非洲板块在白垩纪的分离以及新生代安第斯造山运动有密切关系，大体划分为裂谷前基底、早裂谷期、晚裂谷期、裂谷后坳陷期以及隆升反转5个阶段[4-8]。

1.1.1.1 裂谷前基底

早—中古生代在冈瓦纳大陆太平洋边缘沉积了一套海相地层，后经晚古生代与岩浆弧密切相关的侵入事件以及属于弧前和弧后环境的石炭纪—二叠纪海相和非海相沉积作用，形成各类变质岩、岩浆岩和沉积岩。

1.1.1.2 早裂谷期

中生代时期，非洲板块与南美板块分离，地壳拉张形成盆岭相间的断裂体系。早—中侏罗世，发生大范围的裂陷作用，盆地开始沉降，在部分连通的半地堑中沉积了同裂谷期海相和非海相下侏罗统 Liassic 地层。伴随着中侏罗区域性伸展（冈瓦纳大陆解体），发生了 Lonco Trapial 岩浆活动。

1.1.1.3 晚裂谷期

在晚侏罗世—早白垩世裂谷期的最后阶段，南大西洋南部张开，盆地再次拉张，形成 Necomian 期地堑—半地堑，沉积物厚度及岩性受北西—南东向断层控制，向西可能与海洋相通，发育了圣豪尔赫盆地第一套烃源岩。

1.1.1.4 裂谷后坳陷期

在白垩纪和古近纪，南美洲向西漂移的同时，在逐渐扩大的内陆坳陷中形成了板内坳陷沉积，产生大规模的冲积物和火山碎屑沉积。基底变形产生广泛的有吸收变形能力的断层作用，使圣豪尔赫盆地主要储层 Chubut 群受到错综复杂的切割，提供了十分重要的油气运移和圈闭条件。

1.1.1.5 隆升反转阶段

新近纪，受安第斯造山作用影响，圣豪尔赫盆地西部的挤压作用取代了拉张应力场，盆地的大部分地区发生轻微倒转，在盆地西部形成 San Bernardo 带。在西部地区，区域性的反转和与安第斯构造运动相关的不均衡沉降发生对冲，因此在该地区不发育前陆盆地单元。

平面上，圣豪尔赫盆地分为3个构造带：东部拉张带、中西部挤压带以及靠近智利—阿根廷边界处的西部拉张带。东部拉张带又可划分为中央凹陷带、北坡和南坡（图1.1）。San Jorge 盆地的大多数油气田都位于东部拉张带，从东部拉张带南北向剖面看出，发育近东—西、北西—南东向正断层，与区域构造走向一致，地层北部深、南部浅（图1.2）。盆地自东向西构造上表现为地堑地垒相间的特征（图1.3）。

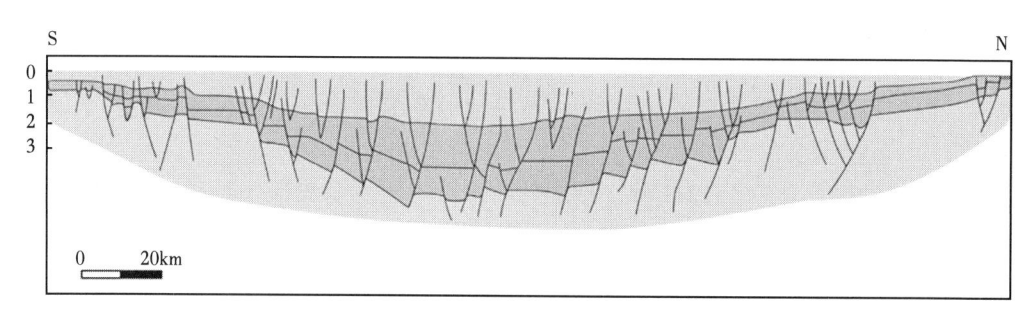

图1.2 圣豪尔赫盆地东部拉张带南北向剖面断层发育示意图

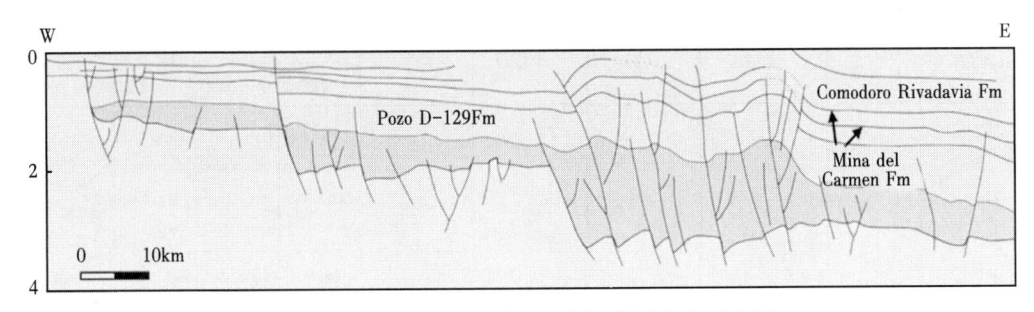

图1.3 圣豪尔赫盆地东西向剖面断层发育示意图

1.1.2 地层及沉积特征

圣豪尔赫盆地基底是侏罗系火山碎屑岩，沉积岩为上侏罗统至第四系碎屑岩[9]。以陆相（河流沉积）、湖相和湖、陆交互相（三角洲）碎屑岩沉积为特征。整个沉积表现为水体由深变浅又加深的过程，沉积物供应充足。盆地内上白垩统最为发育，厚度为1000~3500m，为主要含油层系，其次为上侏罗统—下白垩统Neocomian群和古新统。上白垩统主要由页岩、透镜体砂岩和凝灰质碎屑岩组成，有10多层产油砂岩，为沿海湖相沉积。上侏罗统至下白垩统为陆相岩系，夹有湖相和火成碎屑岩，有两层产油砂岩。古新统砂岩主要产天然气。

在晚侏罗世—早白垩世裂谷期的最后阶段，沉积了Neocomian群，在盆地内不连续分布，只局部沉积在半地堑和地堑中。Neocomian群在长期的水下沉积环境、有限的碎屑物质供应、低砂泥比以及普遍存在的黑色泥岩和碳酸盐岩沉积条件下，主要为湖泊—三角洲碎屑岩夹火山碎屑岩沉积，呈向上变粗的反旋回，发育了盆地下部烃源岩。

Neocomian群之上沉积了坳陷期地层。D-129组是热沉降阶段沉积的第一套地层，为湖相沉积，局部伴有三角洲沉积，主要由凝灰岩、富含有机质的泥岩和鲕状灰岩组成，盆地内连续分布，是圣豪尔赫盆地最主要的烃源岩。

D-129组之上是盆地中东部沉积的MinaDel Carmen（MDC）组，同一时期在盆地西部沉积了Castillo组，盆地中心厚度达到2000m。发育火山碎屑和河道砂岩，主要为曲流河沉积，这些砂岩物性较好，是MDC组中很好的储层，也是盆地的第一套主要产层。

不整合MDC组之上是盆地西部沉积的Bajo Barreal组，等同于盆地东部的Canadon Seco组和盆地北部的Comodoro Rivadavia组沉积。盆地中心厚度大于1000m，主要岩性为凝灰质泥岩（占沉积厚度的60%~80%）和细砂岩（占沉积厚度的20%~40%），砂岩呈透镜体状展布，逐渐减少的火山碎屑使得储层物性非常好，是盆地的第二套主要产层。

新生界Salamanca组、Rio Chico组、Patagonia组和Santa Cruz组是盆地最晚的沉积，以陆相为主，只分布在盆地中东部（图1.4）。

1.1.3 石油地质特征

1.1.3.1 烃源岩

盆地主要发育上侏罗统—下白垩统的Neocomian群和下白垩统D-129组湖相页岩两套烃源岩。

Neocomian群为湖相沉积，分布局限，仅发育于地堑和半地堑中。纵向上可分为底部的Anticlinal Aguada Bandera（AAB）组和上部的Pozo Cerro Guadal组（PCG），以底部烃

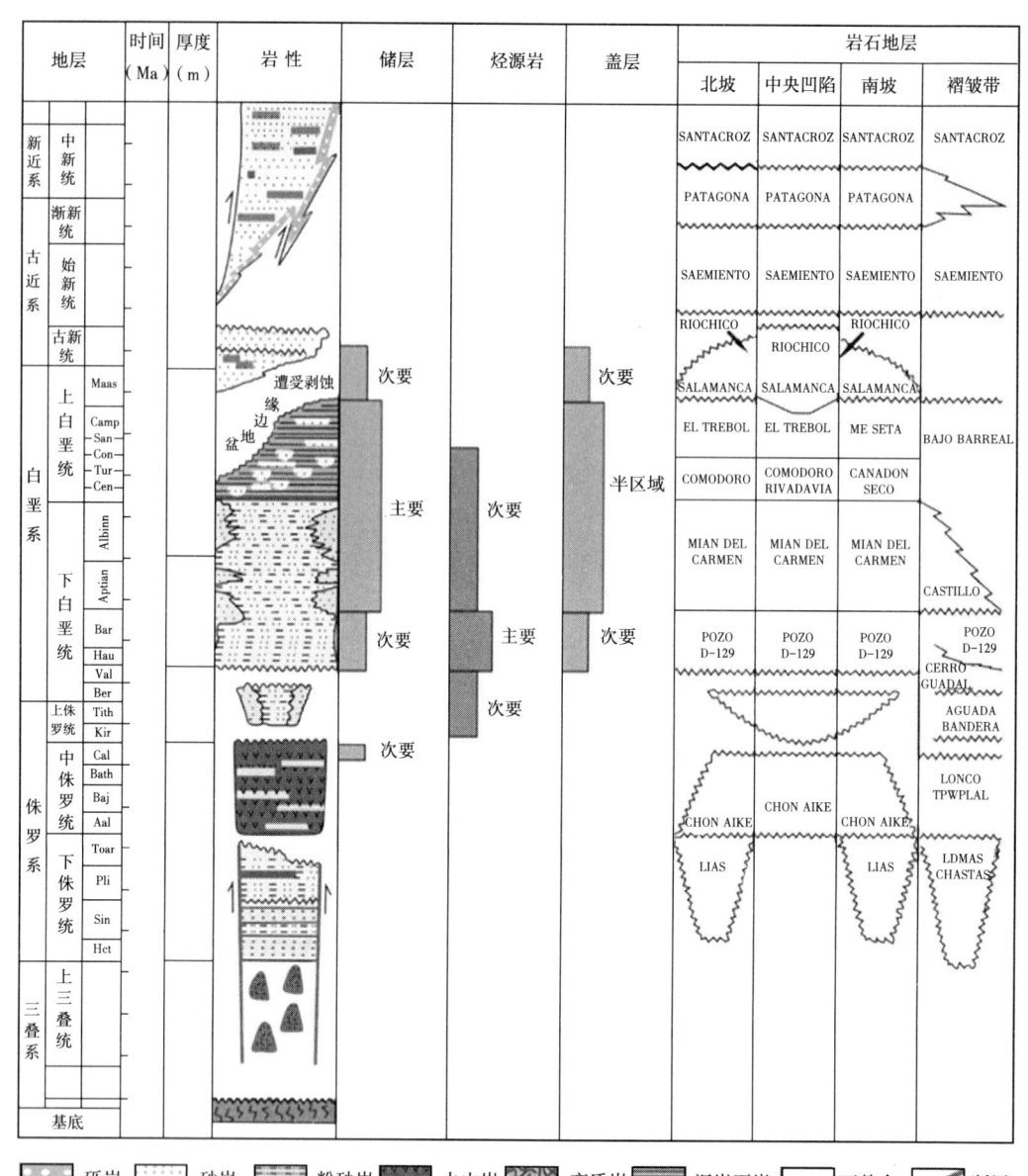

图 1.4 San Jorge 盆地地层综合柱状图

源岩为主。PCG 组烃源岩干酪根为 Ⅱ、Ⅲ 型，w（TOC）= 0.5%~2.0%，最高 3.5%，氢指数（HI）最高为 220mg/g，生烃强度为 $0.17 \times 10^4 m^3/(km^2 \cdot m)$。AAB 组烃源岩干酪根为 Ⅱ 型，$w$（TOC）= 0.8%~3.0%，最高 9.0%；HI 最高为 600mg/g；生烃强度为 $0.87 \times 10^4 m^3/(km^2 \cdot m)$。

下白垩统湖相泥岩 D-129 FM 是盆地最重要的烃源岩，分布广泛，盆地中心沉积厚度大于 1500m，干酪根为 Ⅰ-Ⅱ 型。w（TOC）= 0.5%~3.0%，最高 7.0%；HI 为 100~500mg/g；生烃强度为 $0.6 \times 10^4 m^3/(km^2 \cdot m)$。

1.1.3.2 储层

盆地主要储层为白垩系 Chubut 群砂岩，已发现储量约占 95%。古新统 Salamanca 组和盆地西部拉张带 Neocomian 群砂岩以及侏罗系火山岩为次要储层。白垩系 Chubut 群砂岩在南坡主要储层为 Canadon Seco/Bajo Barreal 组，次要储层是 MDC/Castillo 组，由透镜体砂岩和凝灰质碎屑岩组成，有 10 多层产油砂岩，主要为陆相河流相沉积，砂体分布不稳定，横向变化快，连续性差。孔隙度为 12%~32%，渗透率 20~385mD，平均为 200mD。

Canadon Seco/Bajo Barreal 组和 MDC/Castillo 组从西向东横向厚度较稳定，平均厚度约为 900m。Canadon Seco 组从南坡向盆地中心厚度逐渐增大。褶皱带油藏埋深浅，为 250~300m，向东埋藏加深。Canadon Seco 组又细分为 3 个砂组 CS-1 段、O-12 段和 CO 段，CS-1 段为厚层泥岩夹一些薄的砂岩；O-12 段仅在盆地东部发育，为厚层泥岩夹少量薄层的砂岩；CO 段砂岩比例明显高于 CS-1 段和 O-12 段，单砂体厚度为 1.7~10m，平均厚度为 3m，如图 1.5 所示。

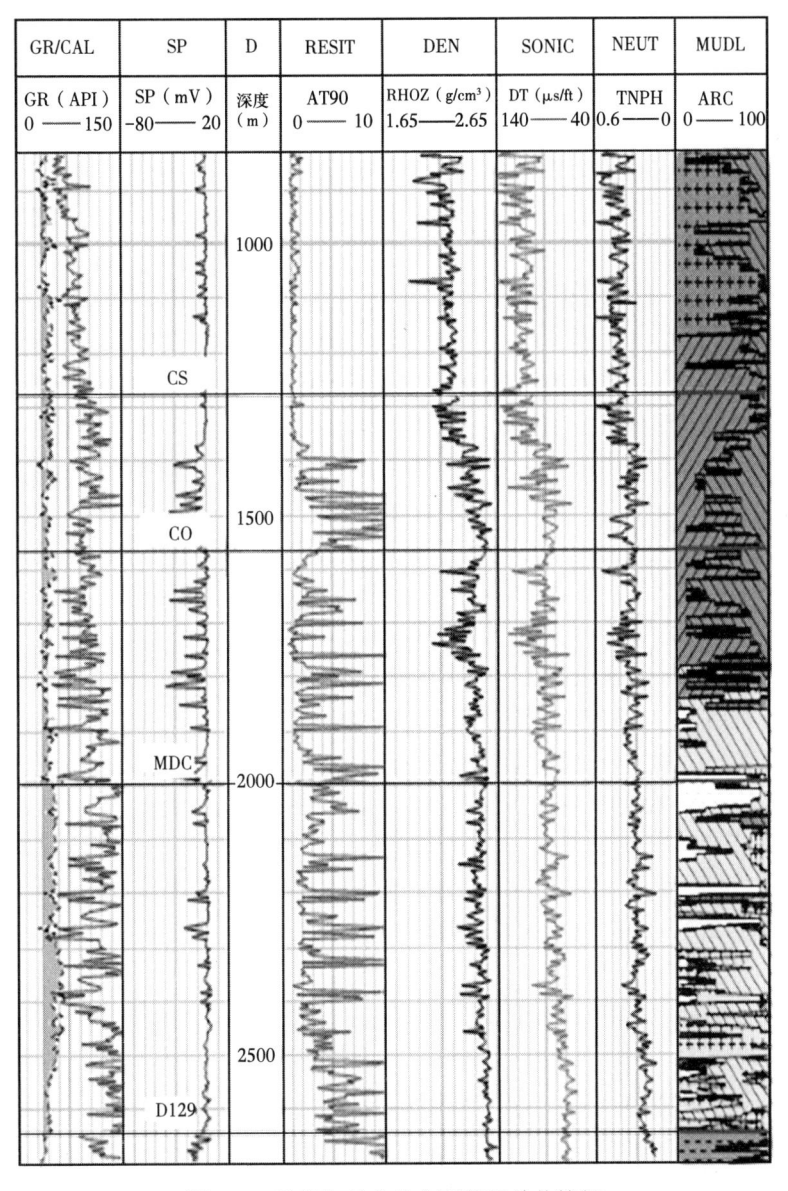

图 1.5 圣豪尔赫盆地主要储层单井特征

在圣豪尔赫盆地演化过程中伴随着火山喷发，致使盆地的不同部位、不同层系储层中含有火山灰。盆地西部火山灰含量高于东部，深层火山灰含量高于浅层。火山灰含量的高低对储层物性影响很大，高火山灰含量使得储层渗透率降低，甚至低至1~2mD，而且含水饱和度较高。

其他次要储层有 D-129 组，它以湖相沉积为主，在盆地的边缘发育了三角洲相沉积以及火山碎屑岩和红层。储层主要分布在盆地的边缘，向盆地中心尖灭。孔隙度以中孔为主，为 15%。渗透率以特低渗透、超低渗透为主，小于 15mD，属于低孔—特低渗透储层。

1.1.3.3　盖层

盆地内无区域性盖层，最重要的半区域性盖层为 Chubut 群内的湖相泥岩。Chubut 群整体主要为泥包砂的沉积，Canadon Seco/Bajo Barreal 组及其下部储层被平面上不连续的湖相泥岩封盖，封盖条件优越。断层多为封闭的，可形成众多断层圈闭。同时，D-129 组湖相泥岩和凝灰岩也是本组储层和 Neocomian 群的有效盖层。

1.1.3.4　圈闭

目前油气田多属背斜圈闭油藏，其次为岩性圈闭油藏。油藏往往因断裂和砂岩透镜体而复杂化。

圣豪尔赫盆地构造可分为拉张和挤压两大类，前者主要为滚动背斜和断块，后者主要为背斜和断背斜。在三叠纪—早侏罗世期间，由于南北向和北西—南东向拉张，在圣豪尔赫盆地之下的 Deseado Massif 形成了一系列的地堑和半地堑。侏罗纪的主要伸展形成了同裂谷沉积的楔状层序。这些裂谷期构造形成了盆地的主体构造格架。盆地海上东部是一个不对称地堑，其北部以一个大型断层为界，南部为单斜和小型断层。盆地轴部向西倾末。陆上盆地中心部位南部受几条大型西—北西向断层控制，形成半地堑构造样式。盆地中心北部有一条大型正断层，构造样式主要为西—北西向断块。安第斯构造运动导致了在新近纪向安第斯山一侧形成了前陆盆地，并使盆地发生了变形和反转。古近—新近构造既有伸展构造（与前陆盆地发育相关的褶皱），也有挤压构造（前陆盆地内的区域剪切应力）。在 San Bernardo 褶皱带可见安第斯构造，这里前古近系沿着南北向发生褶皱。

Canadon Seco/Bajo Barreal 组和 MDC/Castillo 组属于陆相河流沉积，砂体分布不稳定，连续性较差。纵向上，盆地东部区块砂体数量明显多于西部区块，而且 CO 段砂体数量多于 CS-1 段。主要产层的沉积特点加上比较发育的断层决定了油藏类型以断块—岩性油藏和岩性油藏为主。在深层 D-129 组和 Neocomian 群可能形成背斜圈闭和断块圈闭，目前勘探程度很低，油气发现较少，对圈闭的认识程度也很低。

1.1.3.5　保存条件

在白垩纪—古新世，上侏罗—下白垩统湖相烃源岩在沉积埋藏过程中生成油气。由于古近—新近相对较薄，新近系生成和运移的油气较少，石油在中新世反转之前垂向或侧向运移到与伸展断层相关的圈闭中。安第斯反转构造运动事件推迟了油气生成过程，造成前期封闭的油气发生二次运移。

1.1.3.6　含油气系统

Pozo D-129-Chubut 含油气系统可能是盆地内唯一有效的含油气系统（图 1.6）。主要烃源岩是 D-129 组下白垩统湖相泥岩，上侏罗统 Aguada Bandera 组和 Cerro Guadal 组（可能主要生成气）湖相泥岩也生成少量的油气。石油生成始于 110Ma，一直持续到 30Ma。石油在中新世反转之前垂向或侧向运移到与伸展断层相关的圈闭中。安第斯前陆盆地边缘的伸展应力导致了前期断层重新张开，为油气的二次运移提供了运移通道。安第斯反转推迟了油气生成阶段和油气向储层运移的时间。因此反转运动实际上造成了油气的二次运移，导致了前期形成的油气藏的散失。

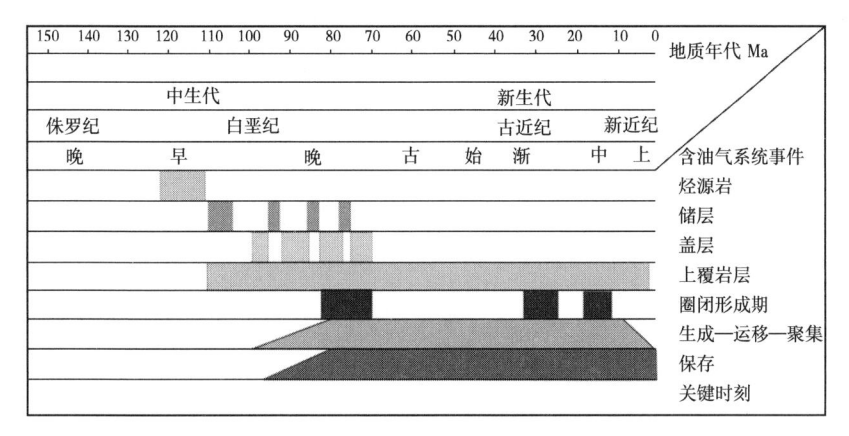

图1.6 Pozo D-129-Chubut含油气系统

1.1.4 油气分布特征

1.1.4.1 油气储量分布

圣豪尔赫盆地平面上油气主要围绕盆地中心呈环带状分布，在盆地两翼的断裂带附近最为富集，盆地中心至今没有发现规模油气藏。盆地油气藏分布于侏罗系、白垩系和古近系，约95%的油气富集于Chubut群砂岩，其余5%的储量来自古新统Salamanca组和盆地西部拉张带Neocomian群砂岩（图1.7）。

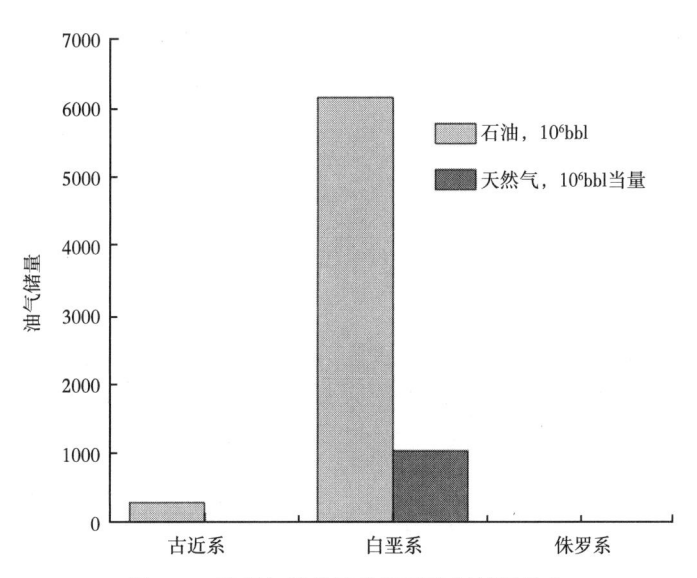

图1.7 圣豪尔赫盆地各层系油气储量分布

1.1.4.2 成藏主控因素

（1）成熟烃源岩的分布与断裂体系控制油气的富集。

油源对比表明，圣豪尔赫盆地东部拉张带油气来自D-129组，盆地西部拉张带油气来自 AAB 组，中间的挤压带油气则是来自 D-129 组和 AAB 组的混合物。在盆地中心位置 D-129 组自 110Ma 开始生排烃，在盆地南翼 D-129 组自古近纪晚期开始生排烃，一直持续至今。AAB 组烃源岩在 60Ma 开始生排烃，在盆地的西部拉张带以生油为主，在东部拉张带以生气为主。

D-129 组湖相泥岩是本区最主要的烃源岩，在阿尔布期—渐新世长期处于生烃窗内，已发现的油气围绕成熟烃源岩发育区分布。油气沿断层垂向运移到早中新世形成的与拉伸作用有关的圈闭中，油气分布在靠近断层的圈闭中（图 1.8），远离断层的圈闭油气充注概率小。

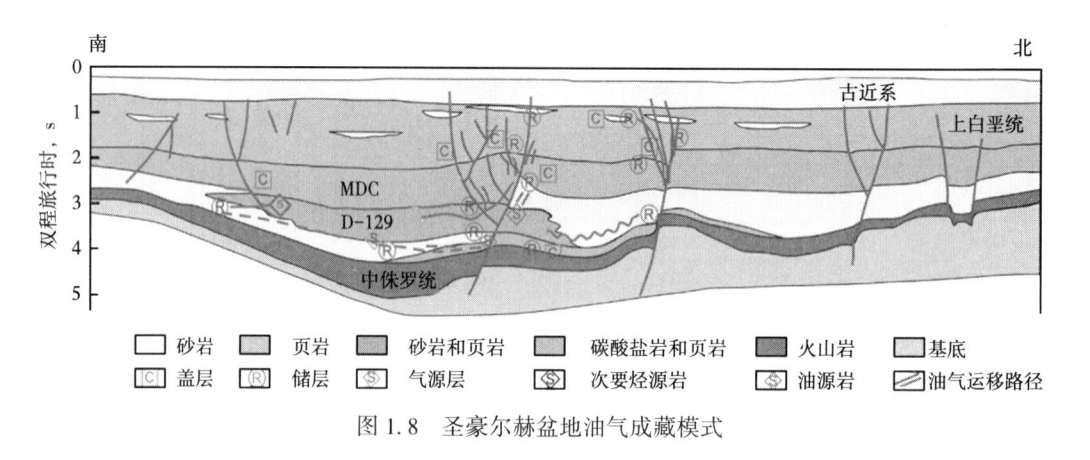

图 1.8 圣豪尔赫盆地油气成藏模式

（2）河流相砂体控制油气规模。

主要目的层 Chubut 群砂体为河流相沉积，分布不稳定，连续性差，砂体发育的数量和质量是油藏能否高产的主要控制因素。

1.2 储层特征

1.2.1 储层岩石学特征

经典型井岩心铸体薄片鉴定，圣豪尔赫盆地的储层岩性为凝灰质碎屑岩（图 1.9）。凝灰质碎屑岩以正常的沉积物为主，岩性特征方面基本同于正常碎屑岩，凝灰岩岩屑含量较高，占 8%~10%。单偏光镜下凝灰岩岩屑特征为岩屑透明，但表面常有红褐色云雾状

图 1.9 圣豪尔赫盆地凝灰质碎屑岩铸体薄片照片

物质。填隙物成分包括杂基和胶结物。储层杂基含量较低，其含量分布范围为0%~5%，平均值为3.92%，其中盆地西部的深层储层（MDC/Castillo组）杂基含量较高，平均值为9.25%，杂基成分主要为火山灰和网状黏土。储层胶结物含量较高，占2%~14%，平均值为7.0%。胶结物成分主要为绿泥石、高岭石、铁方解石、铁白云石、硅质、浊沸石和少量方解石。孔隙度变化大，变化范围为6%~32%。火山灰含量的高低对储层物性影响很大，高火山灰含量使得储层孔隙度、渗透率降低，而且含水饱和度较高。

采用三组分分类体系，对圣豪尔赫盆地上白垩统 Canadon Seco 组100余个砂岩薄片进行岩石类型划分及统计分析（图1.10），分析认为全区的岩石类型主要是长石岩屑砂岩、岩屑砂岩、岩屑长石砂岩，石英、长石含量低，岩屑含量高。盆地不同区域岩石类型不同，总体上说，盆地边缘岩石的成熟度（成分成熟度和结构成熟度）要低于盆地中部岩石的成熟度。盆地边缘的岩石类型主要为岩屑砂岩、长石岩屑砂岩。盆地中部的岩石类型主要为长石岩屑砂岩、岩屑长石砂岩。

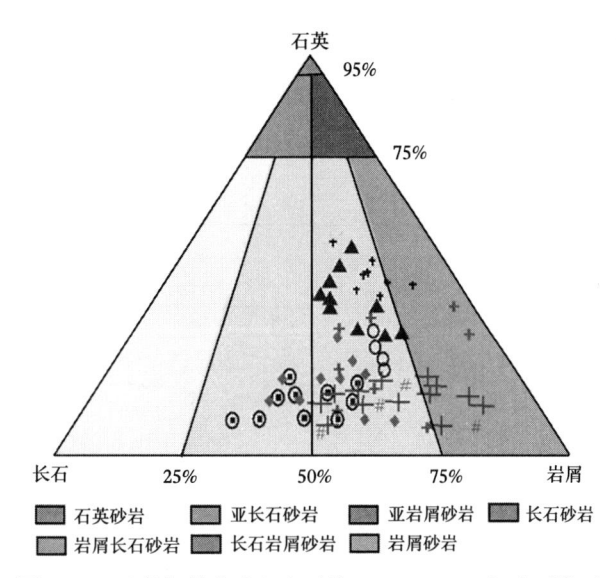

图1.10 圣豪尔赫盆地上白垩统 Canadon Seco 组岩石类型

1.2.2 储层展布特征

Canadon Seco/Bajo Barreal 和 MDC/Castillo 组分布稳定，西部油藏埋深浅，为250~300m，向东油藏埋深加深；2套储层 Canadon Seco 组和 Mina del Ofivia 组横向厚度较稳定，主要储层 Canadon Seco 组包括3个砂组：CS-1段、O-12段和CO段，厚度约为900m，向东油藏埋深增大。

由盆地中部东西向连井剖面（图1.11）可知，Canadon Seco/Bajo Barreal 组和 MDC/Castillo 组从西向东横向厚度较稳定，平均厚度约为900m。Canadon Seco 组从盆地边缘向盆地中心厚度逐渐增大。褶皱带油藏埋深浅，为250~300m，向东埋藏加深。盆地中东部 Canadon Seco 组又可细分为 CS-1 段、O-12 段和 CO 段，CS-1 段为厚层泥岩夹薄层的砂岩；O-12 段地层仅在盆地东部发育，为厚层泥岩夹少量薄层的砂岩；CO 段砂岩比例明显高于 CS-1 和 O-12 段，单砂体厚度为1.7~10m，平均厚度3m。纵向上，MDC 段、CS-1 段和 CO 段油组又可细分为66个单砂层。储层沉积相类型为河流相，储层净毛比0.6。主力生产层段10余个，均具有横向连续性差的特点。

由盆地南北向连井剖面（图1.12）可知：从南向北油藏埋深显著增加，同一地层深度差达1000m。主要产层 Canadon Seco 组向北厚度增大。盆地中东部 Canadon Seco 组又可细分为 CS-1 段、O-12 段和 CO 段，在盆地西部 O-12 段和 CO 段不发育。

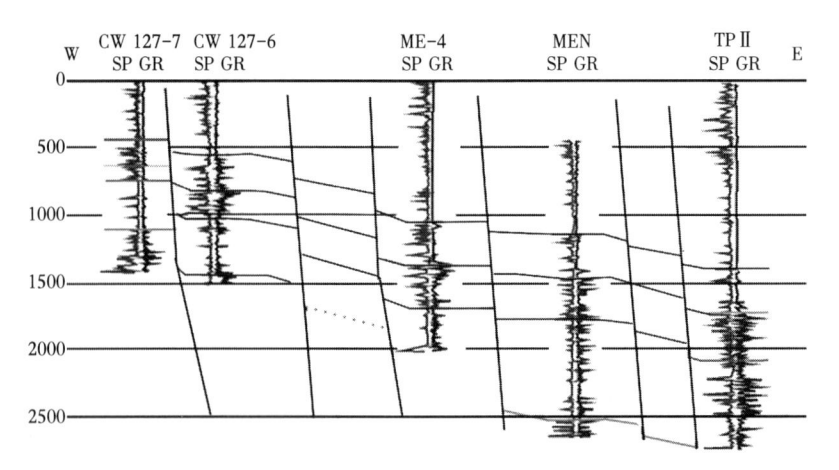

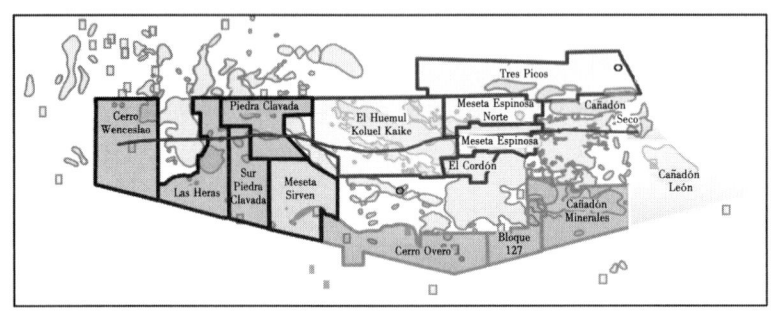

图 1.11 圣豪尔赫盆地中部东西向连井剖面图

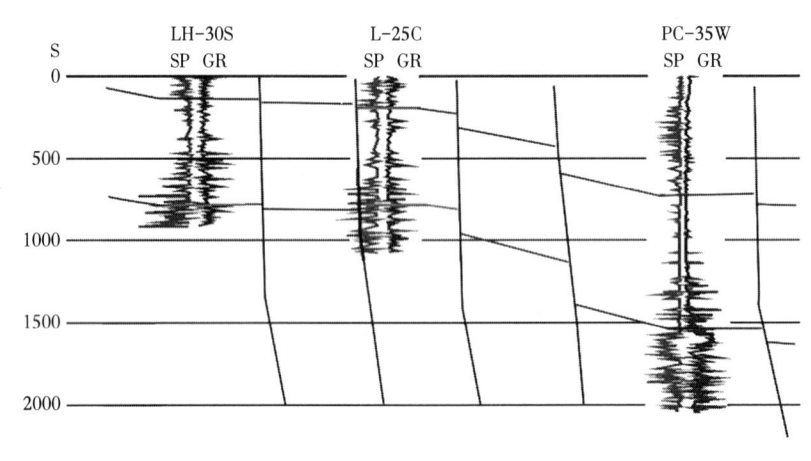

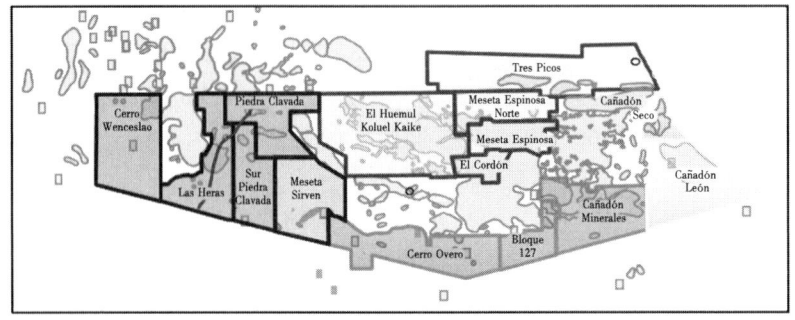

图 1.12 圣豪尔赫盆地东部南北向连井剖面图

1.2.3 压裂储层厚度

图 1.13 为圣豪尔赫盆地砂体厚度及连通图。圣豪尔赫盆地砂体横向连通性差，砂体厚度薄。目的储层厚度对压后产量、裂缝延伸高度及压裂液滤失都会产生影响。通过对圣豪尔赫盆地 3 个区块压裂目的层的数据统计，E 区块和 M 区块压裂储层厚度主要为 2~6m，S 区块储层厚度主要为 2~4m（图 1.14 至图 1.16）。S 区块压裂目的层厚度小于 E 区块和 M 区块储层厚度。

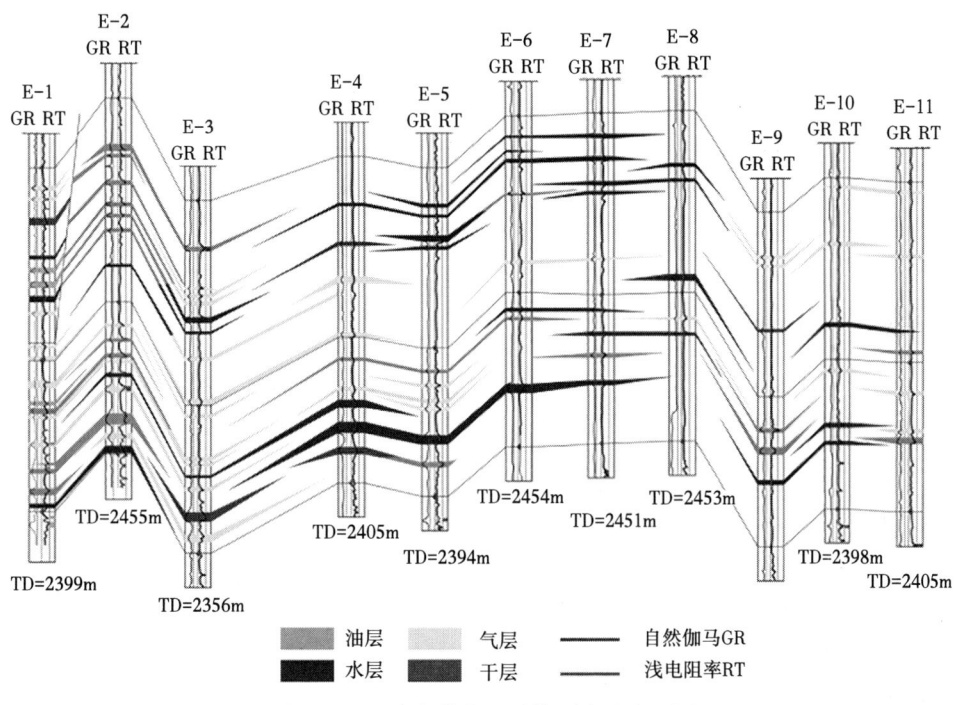

图 1.13 圣豪尔赫盆地砂体厚度及连通图

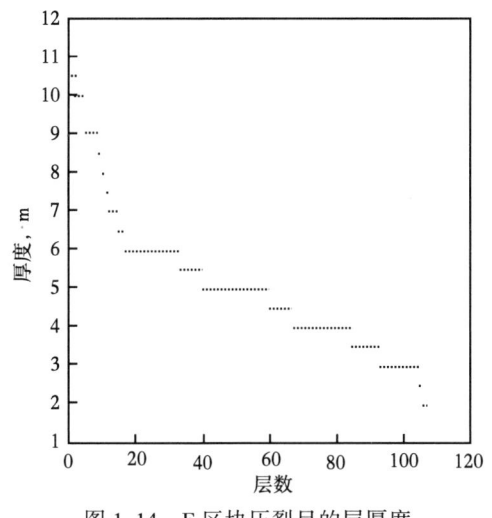

图 1.14 E 区块压裂目的层厚度

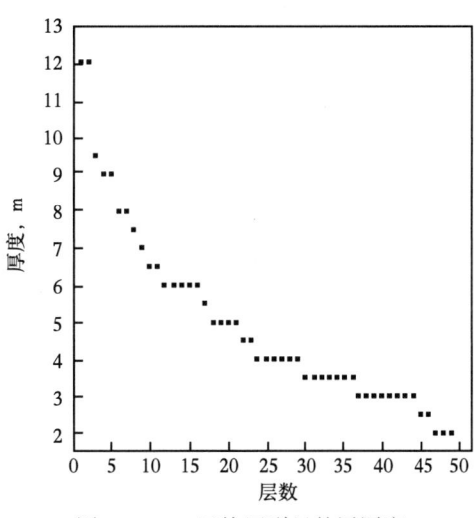

图 1.15 M 区块压裂目的层厚度

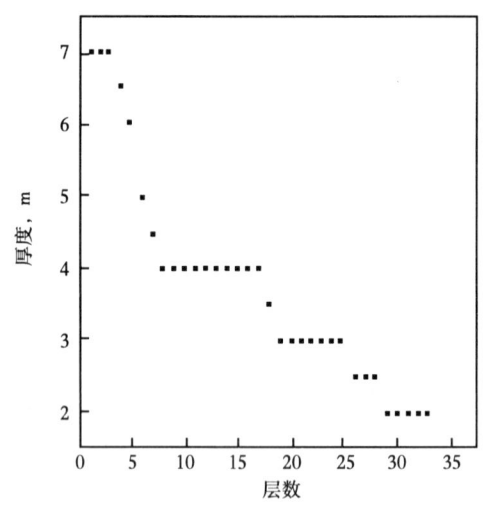

图1.16 S区块压裂目的层厚度

1.3 地层三向压力剖面构建

1.3.1 测井曲线重构

地层压力、地应力及岩石力学参数解释需要完整的全波列测井数据，圣豪尔赫油田大部分井无横波测井数据，需要根据关键井纵横波数据建立拟合关系，用于无横波数据井曲线重构[9-10]。且部分井段无密度测井数据，因此采用Gardner公式建立纵波速度和密度拟合关系，建立目标井全井段密度数据，从而计算上覆岩层压力梯度[11-12]。

1.3.1.1 横波时差重构

根据S-3034井纵横波测井数据，绘制横波时差与纵波时差交会图（图1.17）。

$y=41.65e^{0.015x}$
$R^2=0.921$

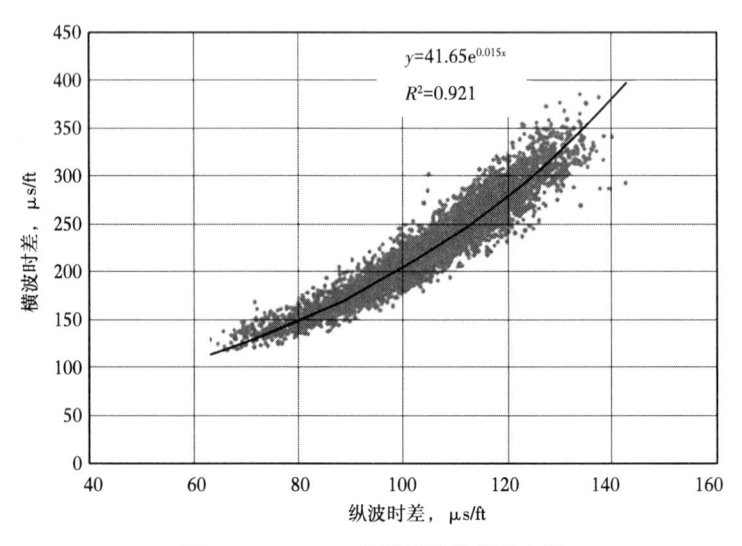

图1.17 S-3034井纵横波数据交会图

通过拟合，建立横波时差计算经验公式：

$$\Delta t_s = 41.65 e^{0.015 \Delta t_p} \tag{1.1}$$

式中　Δt_s——横波时差，μs/ft；

　　　Δt_p——纵波时差，μs/ft。

图 1.18 为重构横波时差数据与实测横波时差数据对比，平均相对误差小于 4.0%，精度符合解释要求。

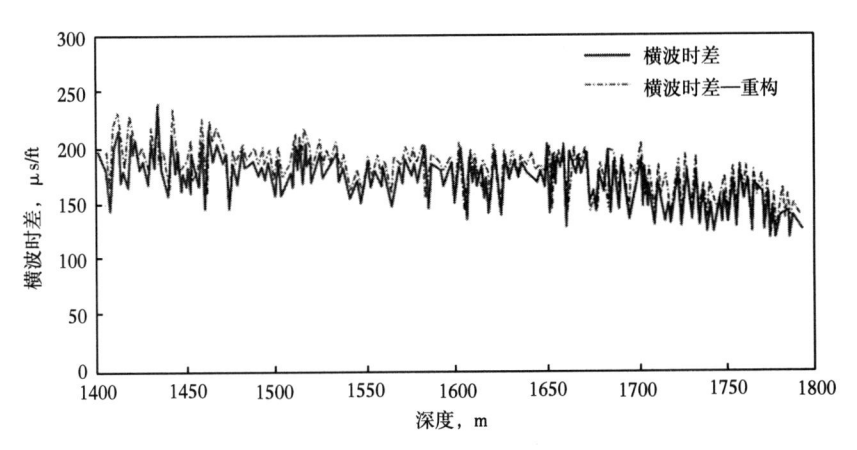

图 1.18　横波时差数据与实测横波时差数据重构效果对比

1.3.1.2　密度曲线重构

根据 E-4077 井测井数据，绘制密度与纵波速度交会图（图 1.19）。

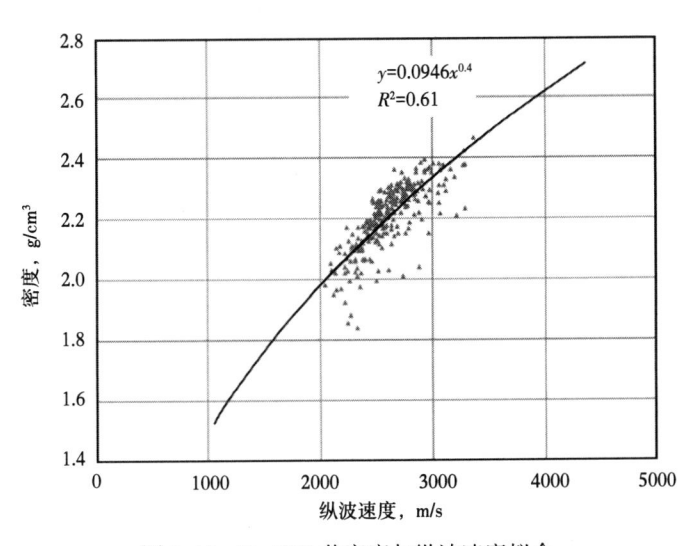

图 1.19　E-4077 井密度与纵波速度拟合

通过原始测井数据，利用 Gardner 公式结合回归拟合，建立了密度和纵波速度的经验关系式：

$$\rho = 0.094 V_o^{0.4} \tag{1.2}$$

式中 ρ——地层密度，g/cm³；

V_o——纵波速度，m/s。

利用关系式，建立了完整的密度测井数据剖面，如图1.20所示。

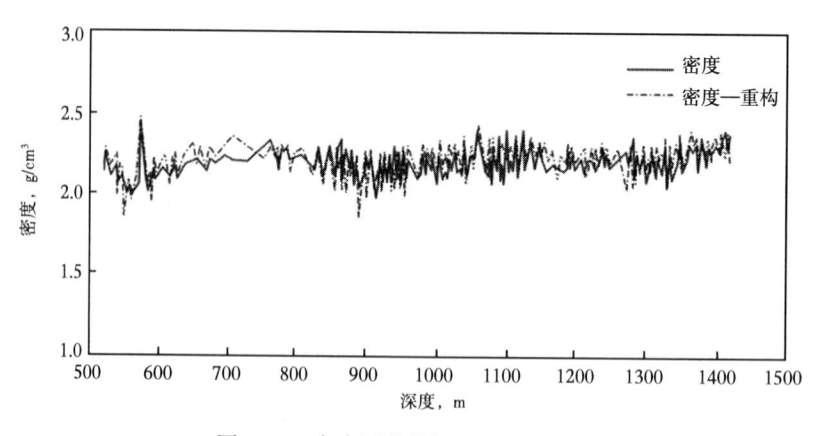

图1.20 密度测井数据重构效果对比

通过对比重构密度测井曲线和实测密度测井曲线，平均相对误差为2.53%，表明重构关系式有效，且利用重构声波数据进行岩石力学参数解释是可行的。

1.3.2 上覆岩层压力计算方法

地层某深度处的上覆岩层压力是指该深度以上地层岩石骨架和孔隙流体总重力产生的压力。上覆岩层压力梯度是上覆压力的单位深度增加，也是地下应力产生的主要根源。上覆岩层压力梯度是计算地层孔隙压力和破裂压力的基础，其计算的准确性直接影响着孔隙压力和破裂压力的计算精度[13-15]。

考虑水深和上部无密度地层段对压力计算的影响，上覆岩层压力梯度散点计算公式为：

$$G_o = \frac{\rho_w H_w + \rho_o H_o + \sum_{i=1}^{n} \rho_{bi} \Delta H}{H_w + H_o + \sum_{i=1}^{n} \Delta H} \tag{1.3}$$

式中 G_o——某深度的上覆压力梯度，g/cm³；

ρ_w——海水密度，g/cm³；

H_w——水深，m；

ρ_o——上部无密度测井段平均密度，g/cm³；

H_o——上部无密度测井段厚度，m；

ρ_{bi}——某深度处密度散点数据，g/cm³；

ΔH——深度间隔，m。

根据式（1.3），利用密度测井数据得出上覆岩层压力梯度数据后，可以由深度数据直接插值求得上覆压力梯度值。但有时由于已钻井深度较浅或密度测井段较短，往往不能获得浅部无密度测井资料或深部地层的上覆岩层压力梯度数据，这时需要将已有的数据回归为深度的函数向上或向下外推。采用四参数回归模型[16]：

$$C_o = a + bh - c^{-dh} \tag{1.4}$$

式中　h——深度，m；
　　　a、b、c、d——回归系数。

图 1.21 为 E-4064 井和 E-4077 井上覆岩层压力梯度剖面，在单井处理的基础上，通过多元拟合，确定了 E 区块上覆岩层压力梯度随深度变化的函数。

$$G_o = 2.038 + 0.0870875h - 1.120\mathrm{e}^{-5.96h} \tag{1.5}$$

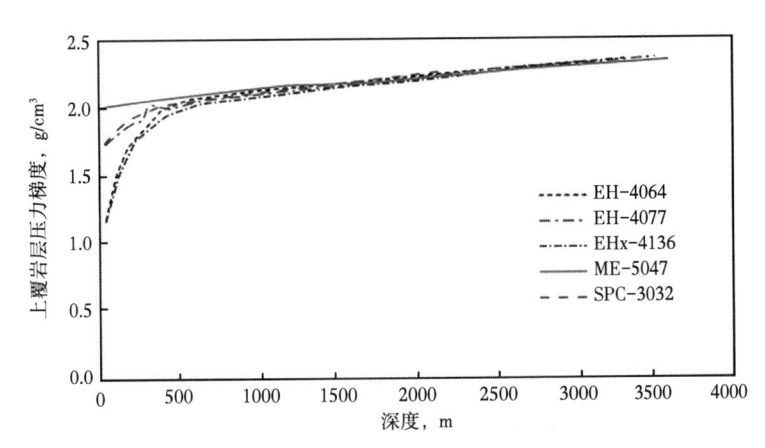

图 1.21　E-4064 井和 E-4077 井上覆岩层压力梯度剖面

1.3.3　地层孔隙压力计算方法

阿根廷圣豪尔赫油田地层岩性单一，以砂岩和泥岩为主，地层孔隙压力的计算可采用基于泥页岩沉积压实规律的传统方法。最广泛采用的孔隙压力计算方法为 Eaton 法，破裂压力的计算则普遍采用 Holbrook 法[17-19]。

Eaton 法是 Eaton 提出来的一种基于正常压实趋势线计算孔隙压力的方法。利用的是孔隙压力和声波时差、电阻率和密度等测井参数的幂指数关系，这种关系并不随深度的变化而变化。针对声波时差数据的 Eaton 公式：

$$p_p = p_{ob} - (p_{ob} - p_h)\left(\frac{\Delta t_n}{\Delta t_o}\right)^N \tag{1.6}$$

式中　p_p——地层孔隙压力，MPa；
　　　p_{ob}——上覆岩层压力，MPa；
　　　p_h——正常的静水压力，MPa；
　　　Δt_n——某深度泥页岩正常趋势线声波时差值，μs/ft；
　　　Δt_o——给定深度实测泥页岩地层声波时差值，μs/ft；
　　　N——Eaton 指数，与地层有关的系数。

在井径扩大较严重的地层，声波时差严重失真，计算结果精度较低。为提高地层孔隙压力计算精度，采用考虑多种影响因素的地层压力综合解释模型：

$$V_p = B_0 + B_1\rho + B_2\phi + B_3\sqrt{V_{sh}} + B_4(p_e - \mathrm{e}^{-Dp_e}) \tag{1.7}$$

式中　B_0、B_1、B_2、B_3、B_4、D——经验系数；
　　　V_p——纵波速度，m/s；
　　　ρ——岩石密度，g/cm³；
　　　V_{sh}——泥质含量，%；
　　　p_e——有效应力，MPa；
　　　ϕ——岩石孔隙度，%。

1.3.4　地层破裂压力计算方法[20]

Holbrook 方法是通过分析岩石在成岩过程中的压实变形，依据 Terzaghi 有效应力原理提出，在正断层区域（构造应力很小或无），地层水平最大应力 σ_H 和地层水平最小主应力 σ_h 主要由上覆岩层压力 σ_v 产生（$\sigma_v > \sigma_h = \sigma_H$），有：

$$\sigma_v = (1-\phi)(\sigma_v - p_p) + p_p \tag{1.8}$$

$$p_f \approx \sigma_h \tag{1.9}$$

式中　p_f——地层破裂压力，MPa。

该预测模型物理含义为：在胶结较差的砂岩地层中，岩层的抗拉强度可以忽略，井眼与地层间的连通性良好，井眼压力克服水平地应力的作用就可在地层中形成裂缝，造成井漏。Holbrook 方法在钻井所钻遇的深度范围内，砂岩、石灰岩、页岩地层均可适用。

1.3.5　地层坍塌压力计算方法

根据岩石力学分析，井眼钻开后井壁周围岩石将产生应力集中，当围岩所受的切向应力 σ_θ 和径向应力 σ_r 的差应力大到一定程度后，将形成剪切破坏，造成井壁坍塌，坍塌时的钻井液液柱压力即为地层坍塌压力。地层坍塌压力也可用当量钻井液密度 ρ_m 来表示，主要与地层的地应力岩石力学参数有关，计算模型为：[21]

$$\rho_m = \frac{\eta(3\sigma_H - \sigma_h) - 2F_c K + \alpha p_p(K^2 - 1)}{(K^2 + \eta)H} \times 100 \tag{1.10}$$

$$K = \cot\left(45° - \frac{\varphi}{2}\right) \tag{1.11}$$

式中　H——井深，m；
　　　ρ_m——钻井液密度，g/cm³；
　　　F_c——岩石凝聚力，MPa；
　　　η——应力非线性修正系数；
　　　φ——岩石内摩擦角，(°)；
　　　α——有效应力系数。

1.4　地应力剖面

1.4.1　地应力方向确定

钻井过程中的诱导缝是由井底液柱压力与地应力之间的不平衡性造成的，这种诱导缝的径向延伸虽不像天然裂缝那样远,但是张开度和纵向延伸可能都比较大,因而在 FMI 图像上(图 1.22)有明显异常。压裂缝的一般特征是平行于井眼轴向延伸,成对出现且呈 180°对称分布,该压裂缝的走向就是最大水平主应力方向。

根据成像测井诱导缝分布特征,确定区域最大水平主应力方向为东南东—西北西(或 115°~295°),最小水平地应力方向与其垂直,如图 1.23 所示。

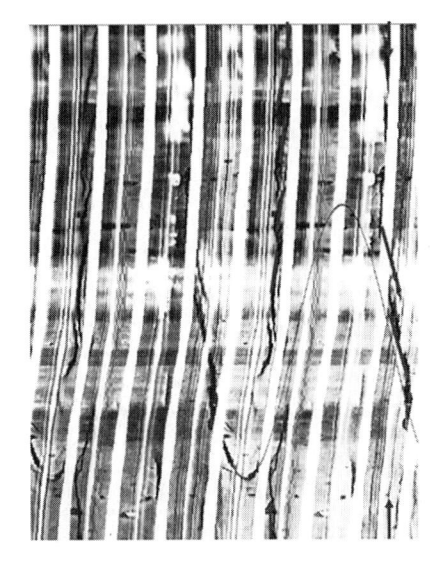

图 1.22 S-1034 井 FMI 成像测井剖面 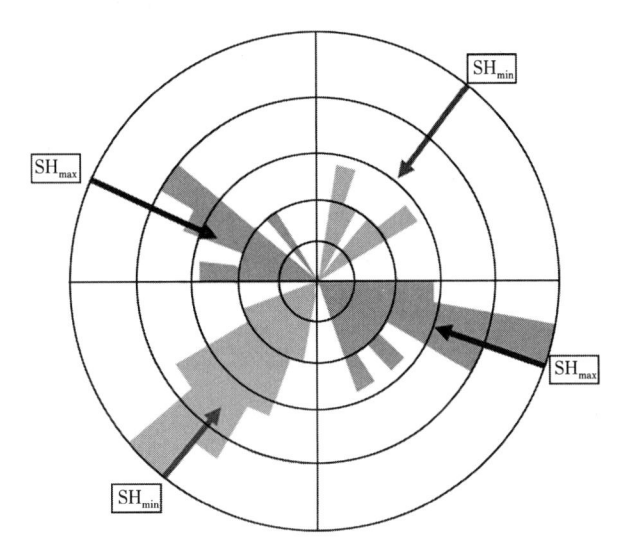　　图 1.23 最大和最小水平地应力方向

1.4.2 压裂曲线解释单点地应力

图 1.24 为典型压裂施工井地层破裂,裂缝延伸和裂缝二次开启的施工曲线。利用地层破裂试验数据解释最大和最小地应力的模型为[22]:

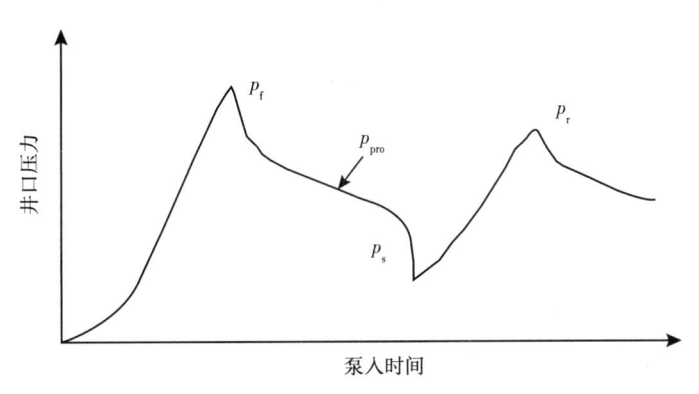

图 1.24 地层破裂试验曲线

$$\begin{cases} S_t = p_f - p_r \\ \sigma_h = p_s \\ \sigma_H = 3\sigma_h - p_f - \alpha p_p + S_t \end{cases} \quad (1.12)$$

式中　S_t——岩石抗拉强度,MPa;

p_f——地层破裂压力，MPa；

p_r——裂缝重张压力，MPa；

p_s——瞬时停泵压力 MPa；

α——有效应力系数；

σ_H、σ_h——分别为最大和最小水平地应力，MPa。

图 1.25 为 E_x-4136 井 600m 处地层破裂试验曲线，地层破裂压力点为 7.9MPa，裂缝延伸压力为 3.9MPa，瞬时停泵压力为 3.4MPa。依据图 1.25 结合地应力计算公式（1.12），得到地层应力数据如表 1.1 所示。

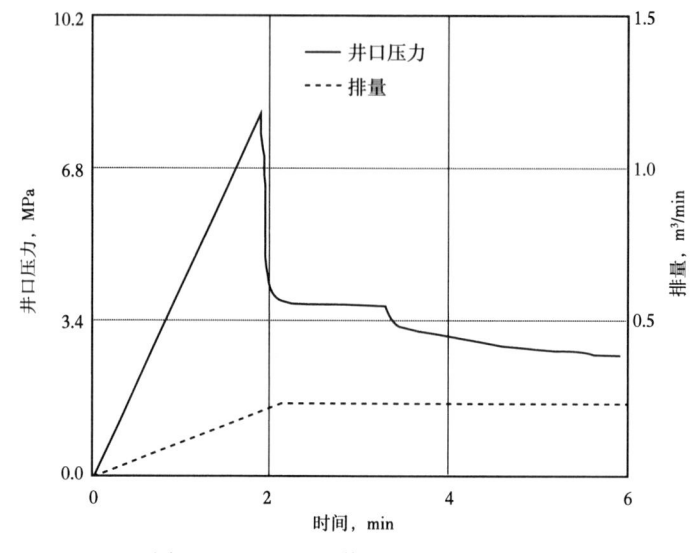

图 1.25 E_x-4136 井地层破裂试验曲线

表 1.1 E_x-4136 井 LOT 试验解释结果

参数	数值
垂深，m	600
破裂压力梯度，g/cm³	2.395
最小水平地应力，MPa	9.56
最大水平地应力，MPa	10.56
水平构造应力系数	$A=0.46$，$B=0.32$

根据 E_x-4136 井地层破裂试验数据和 E-3062 井小型压裂数据，分别计算了各深度点的最大和最小水平地应力值和构造应力系数，并采用直线拟合，粗略确定了区域地应力分布剖面（图 1.26、图 1.27）。

从图 1.27 可以看出，横向构造应力不强，最大和最小水平主应力比值为 1.10~1.15，构造应力分布均匀。纵向上，随着深度增加，构造应力系数逐渐减小。结合上覆岩层压力数据，油田三个主应力的大小关系为上覆岩层压力>最大水平主应力>最小水平主应力，为典型的正断层类型。

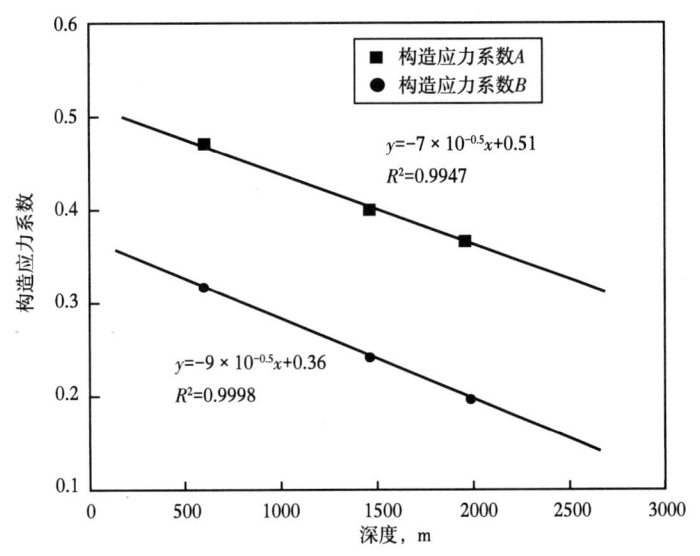

图 1.26 地层破裂试验数据计算区域构造应力系数剖面

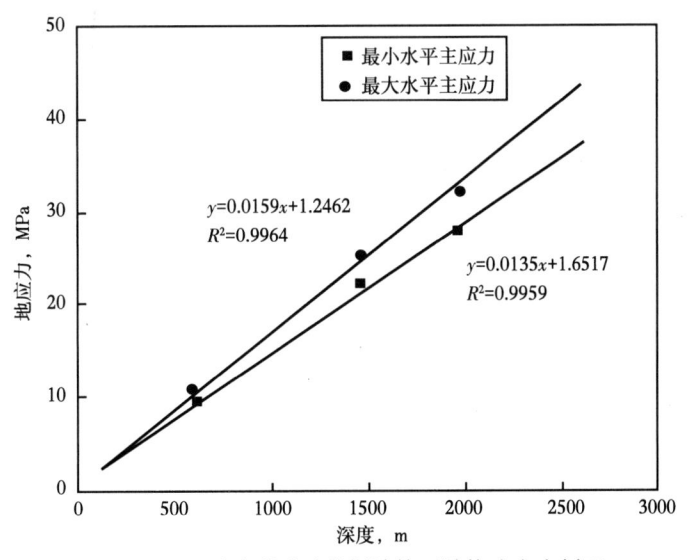

图 1.27 地层破裂试验数据计算区域构造应力剖面

1.4.3 最大和最小水平主应力剖面建立

基于已钻井地层破裂试验数据确定某深度处的最大和最小水平地应力，从而计算构造应力系数，将构造应力系数应用于全井，结合测井资料解释的上覆岩层压力、地层孔隙压力、有效应力系数和岩石内聚力剖面，确定最大和最小水平地应力剖面。

一般认为最大、最小水平主地应力一是由上覆岩层压力的泊松比引起的，二是由构造运动所产生的构造应力引起的。

$$\sigma_H = \left(\frac{\mu}{1-\mu} + A\right)(\sigma_v - \alpha p_p) + \alpha p_p \tag{1.13}$$

$$\sigma_h = \left(\frac{\mu}{1-\mu} + B\right)(\sigma_v - \alpha p_p) + \alpha p_p \tag{1.14}$$

式中 A,B——地层构造应力系数（$A \geqslant B$）；

μ——岩石泊松比。

根据以上公式，基于上覆岩层压力梯度、孔隙压力梯度和地层破裂试验解释结果建立 E_x-4136 和 E-4077 井的水平地应力剖面（图 1.28、图 1.29）。

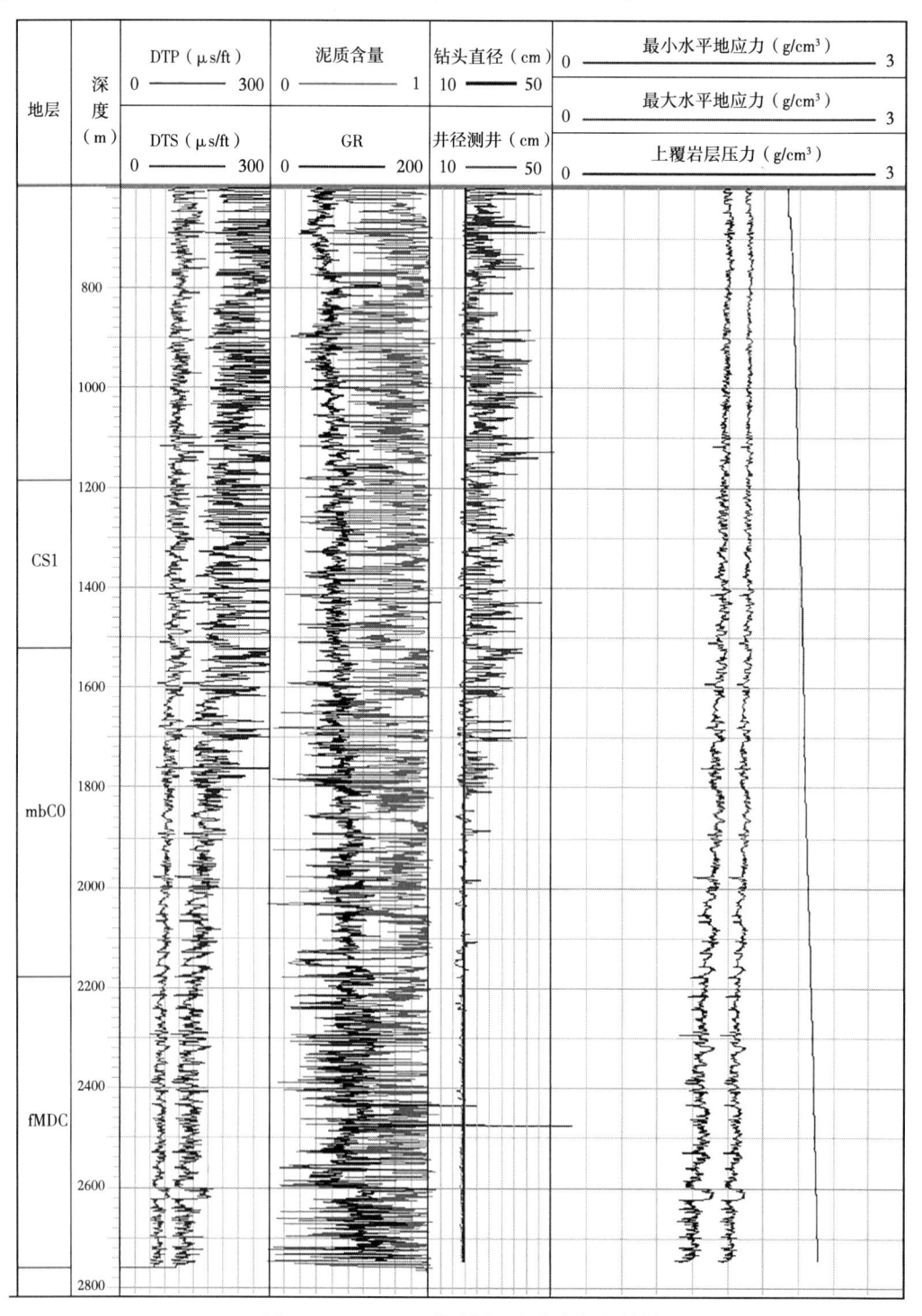

图 1.28 E_x-4136 井地层三向应力解释结果

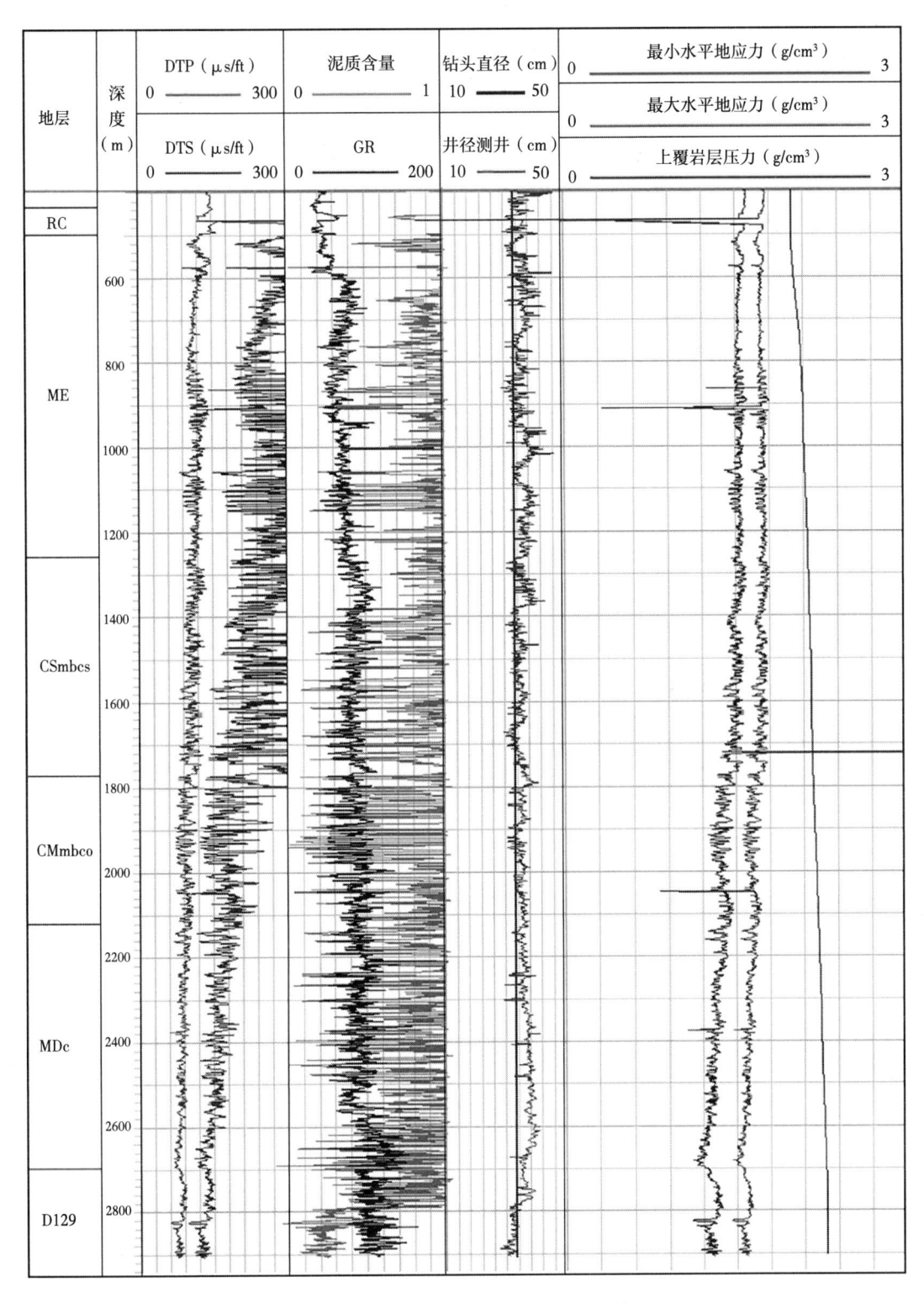

图 1.29　E-4077 井地层三向应力解释结果

1.5 地层岩石力学参数剖面

根据已钻井纵横波时差、密度和泥质含量数据,对 E-4077 井和 E_x-4136 井岩石力学参数进行了计算,由于该油田无岩心岩石力学实验数据,无法建立测井数据与力学参数之间的经验关系,因此采用国内外较通用的砂泥岩地层较通用解释模型进行计算,解释结果无法保证数值的准确性,但可为井壁稳定性分析和钻井提速评价提供定性数据参考。各岩石力学参数计算模型如下。

1.5.1 动、静态泊松比

根据岩石力学理论,利用横纵波测井资料求出动态泊松比,可以用声波时差或速度来计算[23]:

$$\mu_d = \frac{0.5(\Delta t_s/\Delta t_p)^2 - 1}{(\Delta t_s/\Delta t_p)^2 - 1} \tag{1.15}$$

式中 μ_d——地层动态泊松比;
Δt_s——地层横波时差,μs/ft;
Δt_p——地层纵波时差,μs/ft。

$$\mu_d = \frac{0.5 V_p^2 - V_s^2}{V_p^2 - V_s^2} \tag{1.16}$$

式中 V_s——岩石横波速度,km/s;
V_p——岩石纵波速度,km/s。

岩石弹性参数的静态值和动态值存在一定的差值,静态弹性模量普遍小于动态弹性模量,但有的静态泊松比大于动态泊松比。假设岩石为各向同性无限弹性体,则根据纵横波速度计算动态泊松比 μ_d 和静态泊松比 μ_s 关系式为:

$$\begin{cases} \mu_s = A_1 + K_1 \mu_d \\ A_1 = 0.24543 - 0.155483 \lg(SD) \\ K_1 = 0.050248 + 0.36478 \lg(SD) \end{cases} \tag{1.17}$$

式中 SD——水平两向地应力差,SD = 0.01 $(\sigma_H - \sigma_h)$ H,MPa。

1.5.2 动、静弹性模量

动态弹性模量可以由测井数据计算得到:

$$E_d = \frac{\rho V_s^2 (3 V_p^2 - 4 V_s^2)}{V_p^2 - V_s^2} \tag{1.18}$$

动态弹性模量和静态弹性模量转化公式为:

$$\begin{cases} E_s = A_2 + K_2 E_d \\ A_2 = a_{21} + a_{22} \lg(SD) \\ K_2 = K_{21} + K_{22} \lg(SD) \end{cases} \tag{1.19}$$

式中 E_d——动态弹性模量,MPa;
E_s——静态弹性模量,MPa。

1.5.3 有效应力系数

岩石的有效应力系数 α（$0 \leq \alpha \leq 1$）是井壁稳定性研究的一个重要参数。只有当岩石的孔隙度和渗透率足够大时才可以近似取 $\alpha = 1$。取值可以由经验公式获得,也可利用声波测井资料确定。

$$\alpha = 1 - \frac{\rho_b(3V_p^2 - 4V_s^2)}{\rho_m(3V_{mp}^2 - 4V_{ms}^2)} \tag{1.20}$$

式中 ρ_m——岩石骨架体积密度,g/cm³。

1.5.4 单轴抗压强度 σ_c

Miller 和 Deere 对 200 多块沉积岩进行实验后,得出了岩石单轴抗压强度与岩石弹性模量、泥质含量的统计关系式,该统计关系式为:

$$\sigma_c = 0.0045E(1 - V_{cl}) + 0.008V_{cl}E \tag{1.21}$$

式中 σ_c——岩石单轴抗压强度,MPa;
E——岩石弹性模量,MPa;
V_{cl}——岩石泥质含量,%。

1.5.5 岩石拉伸强度

$$S_t = \frac{0.0045E_d(1 - V_{cl}) + 0.008V_{cl}}{12} \tag{1.22}$$

式中 S_t——岩石拉伸强度,MPa。

1.5.6 岩石内聚力

$$C = A(1 - 2\mu_d)\left[\frac{1 + \mu_d}{1 - \mu_d}\right]\rho^2 V_p^4(1 + 0.78V_{cl}) \tag{1.23}$$

式中 C——岩石内聚力,MPa;
A——常数,其值取决于公式推导的条件和所采用的单位。

1.5.7 岩石内摩擦角

内摩擦角可通过取心岩心进行三轴试验确定,也可通过测井资料确定,建立内聚力和内摩擦角之间关系的经验公式为:

$$\begin{cases} \varphi = 2.654\lg\sqrt{M + M^2 + 1} + 20 \\ M = 58.93 - 1.785C \end{cases} \tag{1.24}$$

1.5.8 地层可钻性剖面

圣豪尔赫油田地层以砂岩和泥岩为主。由于无法取得该油田实际的岩心进行可钻性测试,因此应用已有成果中相似类型的地层可钻性模型进行预测。

砂泥岩可钻性预测模型:

$$K_a = 22.83e^{-0.0066\Delta t_p} \tag{1.25}$$

式中 K_d——可钻性级值；

Δt_p——纵波时差，$\mu s/ft$。

依据上述岩石力学计算模型，计算得到了 E 区块两口井的岩石力学参数剖面，如图 1.30 和图 1.31 所示。

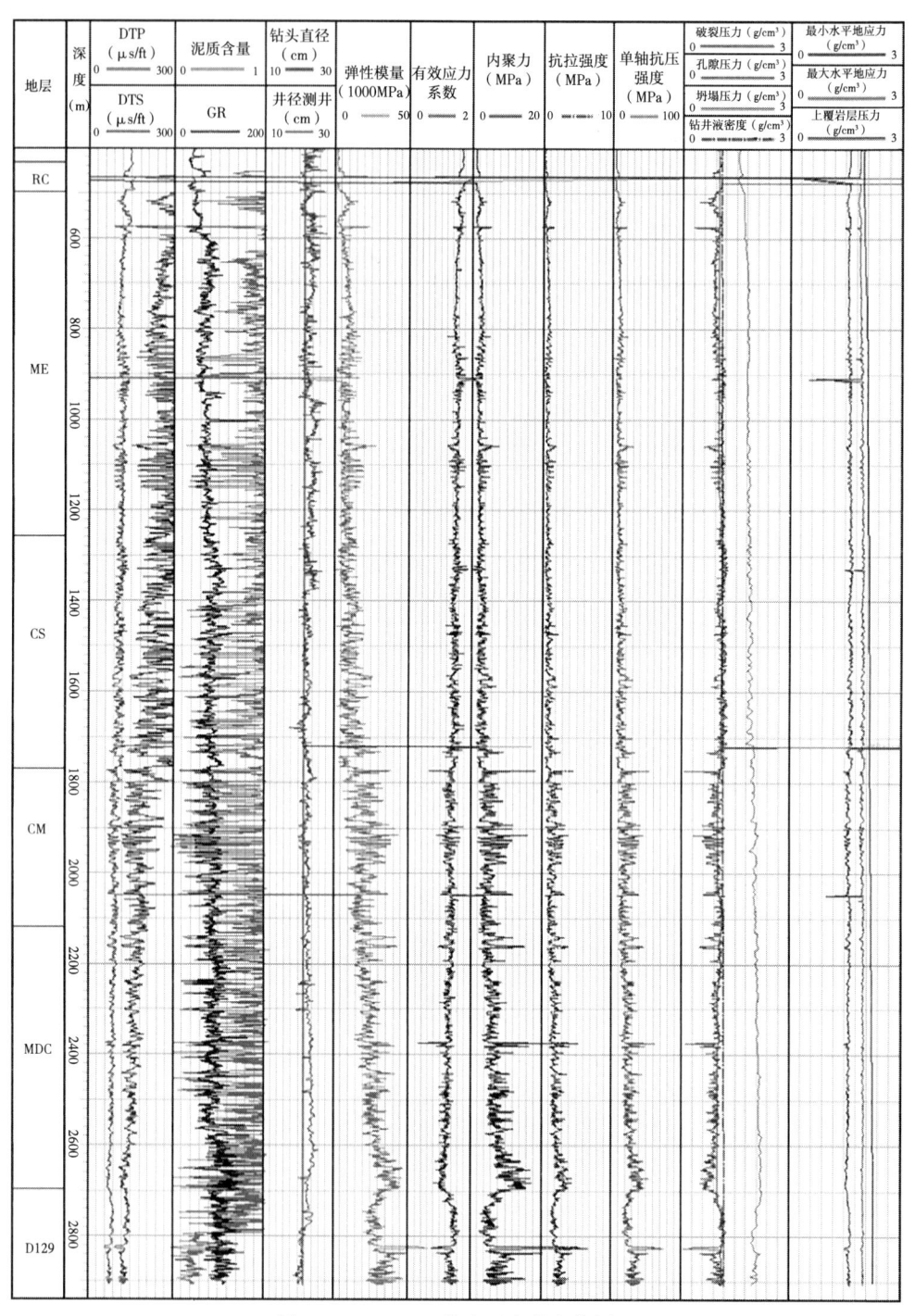

图 1.30 E-4077 井岩石力学参数剖面

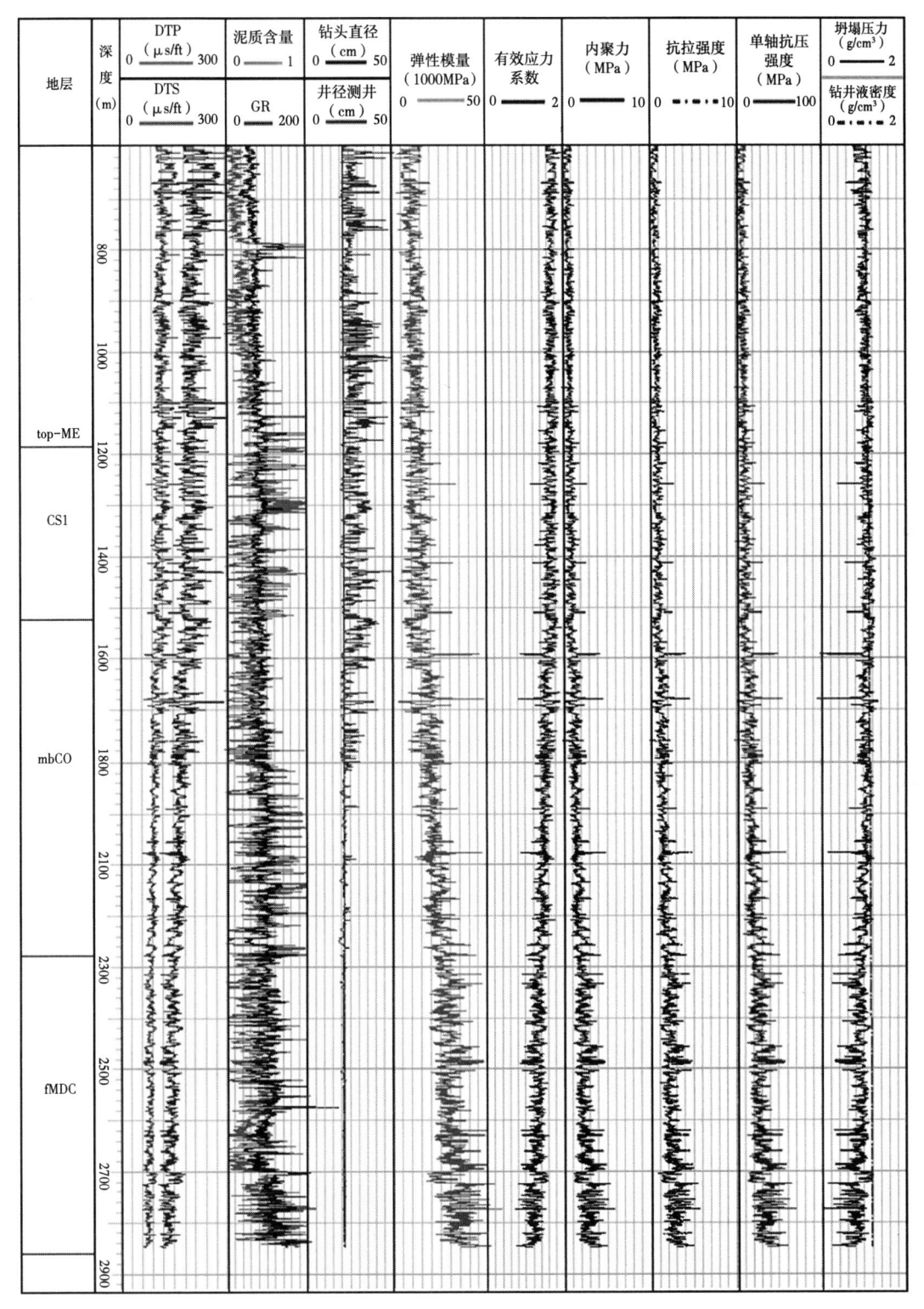

图 1.31 E$_x$-4136 井岩石力学参数剖面

25

参 考 文 献

[1] 谢寅符, 赵明章, 杨福忠, 等. 拉丁美洲主要沉积盆地类型及典型含油气盆地石油地质特征 [J]. 中国石油勘探. 2009, 14 (1): 65-73.

[2] 田纳新, 陈文学, 殷进垠, 等. 南美安第斯山前典型前陆盆地油气成藏特征及主控因素 [J]. 新疆石油地质. 2011, 32 (6): 692-695.

[3] 田纳新, 姜向强, 惠冠洲. 阿根廷圣豪尔盆地油气成藏特征及有利区预测 [J]. 石油实验地质. 2015, 37 (2): 205-219.

[4] Yrigoyen M R. The history of hydrocarbons exploration and production in Argentina [J]. Journal of Petroleum Geology. 1993, 16 (4): 371-382.

[5] 马中振, 谢寅符, 李嘉, 等. 南美西缘前陆盆地油气差异聚集及控制因素分析 [J]. 石油实验地质, 2014, 36 (5): 598-604.

[6] 程小岛, 李江海, 高危言. 南美板块北部边界作用对其含油气盆地的影响 [J]. 石油与天然气地质. 2013, 34 (1): 112-119.

[7] Fitzgerald M G, Mitchum Jr R M, Uliana M A, et al. Evolution of the San Jorge Basin, Argentina [J]. AAPG Bulletin, 1990, 74 (6): 879-920.

[8] Rodriguez J F R, Littke R. Petroleum generation and accumulation in the Golfo San Jorge Basin, Argentina: a basin modeling study [J]. Marine and Petroleum Geology, 2001, 18 (9).

[9] 王军宝. 利用常规测井资料确定横波时差方法研究 [J]. 国外测井技术, 2017, 38 (01): 33-36.

[10] 孙玉凯, 郑雷清. 基于常规测井资料的横波时差估算方法及应用 [J]. 新疆石油地质, 2009, 30 (4): 521-522.

[11] 袁晓宇, 张哨楠, 孟祥豪, 等. 一种添加修正项的Gardner公式 [J]. 石油地球物理勘探, 2013, 48 (2): 279-282.

[12] Gardner, G H F, Gardner, L W, Gregory A R. Formation velocity and density-the diagnostic basic for stratigraphic traps [J]. Geophysics, 1974, 39 (6): 770-780.

[13] 樊洪海, 叶志, 纪荣艺, 等. 三维上覆岩层压力计算方法研究 [J]. 岩石力学与工程学报, 2011, 30 (S2): 3878-3883.

[14] 彭海龙, 刘兵, 赫建伟, 等. 深水盆地高温高压环境下的地层压力预测方法 [J]. 天然气工业, 2018, 38 (3): 24-30.

[15] 周东红, 熊晓军. 一种高精度地层压力预测方法 [J]. 石油地球物理勘探, 2014, 49 (2): 344-348.

[16] 周号博, 樊洪海, 翟应虎, 等. 四参数模式流变参数准确计算方法及其应用 [J]. 石油学报, 2012, 33 (1): 128-132.

[17] 樊洪海, 邢树宾, 何辉. 二维地层孔隙压力预测方法及应用 [J]. 石油钻探技术, 2007 (4): 6-8.

[18] 樊洪海, 张传进. 复杂地层地层孔隙压力求取新技术 [J]. 石油钻探技术, 2005 (5): 43-46.

[19] Zhang Jincai. Pore pressure prediction from well logs: Methods, modifications, and new approaches [J]. Earth-Science Reviews. 2011.

[20] 张伟, 邓嵩, 樊洪海, 等. 地层破裂压力三维计算与显示方法 [J]. 科学技术与工程, 2014, 14 (34): 140-144.

[21] 陈勉, 金衍, 张广清. 石油工程岩石力学 [M]. 北京: 科学出版社, 2011.

[22] Michael J E, Tony M. 现代压裂技术 [M]. 北京: 石油工业出版社, 2012.

[23] 程远方. 油气工程岩石力学 [M]. 青岛: 中国石油大学出版社, 2015.

2 完井工艺技术

2.1 完井工艺技术评价

圣豪尔赫盆地油气井目的层油水界面复杂，油层与水层的测井特征差别很小，存在2、3套油水系统。完井方式选用套管射孔，便于分层开采和油层后期改造。为提高油井产量，解除近井地带的污染，采用压裂完井投产。因地层压力较低，在产井采油方式均为人工举升，并以有杆泵为主。油管选用 $\phi 73mm$，平均泵挂深度2200m，选用外径为 $\phi 21.9mm$ 或 $\phi 19.0mm$ 抽油杆，射孔段长40m。

由表2.1可知，E油田采油井泵挂深度大于1700m的有428口（在主力产层CO以下），约占总井数的84.3%，加深泵挂深度，可提高抽油泵的沉没度，增大生产压差，提高油井生产效果。

表2.1 E油田采油井泵挂深度统计

泵挂深度，m	≥2400	1700~2400	1300~1700	≤1300	合计
井数，口	68	360	77	3	508

典型井射孔完井管柱及方案如图2.1所示。目前注水井已经采取了分层注水管柱，采用 $\phi 73mm$ 的生产油管，配水器，实施分层注水（图2.2）。

图2.1 油井射孔生产管柱　　　　图2.2 注水井完井管柱

2.1.1 完井工艺存在的问题

（1）圣豪尔赫盆地为多薄层油藏，长期采用自然能量开发，地层亏空严重，主力油层含水较高，剩余油主要集中在中低渗透层，层间矛盾突出，干扰严重。在油田尚未完成细分层系开发的情况下，二次采油（水驱）仅占总产量的16%，其余为一次采油（溶解气驱、弹性驱、底水驱），地层亏空严重，大部分井供液不足，采出程度低。并且基本上为笼统注水，分注少，注水强度大，集中在高含水区，驱油效率低。由表2.2可知，E油田采油井动液面超过1700m的油井有241口，占总井数的47.4%，地层能量低，供液不足。

表2.2 E油田采油井动液面统计

动液面深度，m	≥2400	1700~2400	1300~1700	≤1300
井数，口	17	224	153	114
日产液，m³	7.9	21.2	46.1	80.9

（2）由于油井笼统开采，没有配套封堵高渗透层段，造成油井产量低，含水率高，区块平均综合含水91%，其中含水在95%及以上的油井达158口，约占区块总井数的20%，污水处理负荷重。

（3）注水井目前虽然采用了分注管柱，但没有配套分层水量测试和调配工艺，因此各层实注水量不得而知，建议加强分层监测和分层调配，保证水驱效果。

（4）圣豪尔赫盆地为断块油气藏，平面上单砂体小，纵向上油层分布散，且边底水能量强，水淹速度快，采收率低，需要通过射孔优化来延缓水淹速度，提高采收率。

2.1.2 技术对策

针对圣豪尔赫油田多薄层层间干扰严重，剩余油主要集中在中低渗透层的特点，为有效提高中低渗透层的动用程度，提高采收率，减少层间干扰，推荐采用我国东部老油田的优化射孔及分采分注，以提高采收率。

2.1.2.1 边底水油藏射孔优化技术

针对边底水油藏，通过优化射孔来减缓水淹速度，提高采收率，投入少，见效明显。

2.1.2.2 分层注水技术[1-4]

我国的分层注水技术很多，应用的注水管柱有同心投捞注水管柱、偏心投捞注水管柱、斜井分注管柱、套管变形井分注管柱、防砂分注管柱等。圣豪尔赫油田也采用了分层注水管柱，但由于检测和调配工作跟不上，分注工艺形同虚设。究其原因，主要是投捞调配难度较大，工作量太大，阿根廷圣豪尔赫油田的设备和技术人员难以达到要求。因此，推荐圣豪尔赫油田采用我国最新的注水井智能测调一体化工艺技术。

2.1.2.3 分层采油技术[5-8]

我国普遍采用机械分层采油和化学堵水工艺技术来提高多薄层油藏的采收率，其中机械堵水风险小、见效快，推荐阿根廷圣豪尔赫油田优先采用。对出水层位认识清楚的可采用封上采下、封下采上、封上下采中间、封中间采上下、分抽混出工艺等机械分层采油管柱，对出水层位认识不清楚的可采用找堵水一体化工艺管柱，主要有机械找堵水工艺管柱、智能找堵水工艺管柱。

2.2 San Jorge 盆地控水射孔工艺分析

2.2.1 多薄层储层特点

薄互层、底水油气藏是阿根廷圣豪尔赫盆地典型的油气藏，它与边水油气藏有着本质的区别。与边水油气藏最大的区别在于，底水油气藏的含油面积全部与底水接触。这一点既是底水油气藏在开发方面优越于边水油气藏的地方，同时也是底水油气藏开发的困难所在。

油藏与底水的接触面积大，使得底水侵入油藏的能力大大增强，开采油气所消耗的地层能量能够从底水迅速得到补充。大多数底水油气藏的开发都表现出了能量衰竭缓慢的特征。因此，底水油气藏的开发因底水的存在而表现出一定的优越性[9-12]。

同时，因底水油气藏与底水有较大的接触面积，油气开采过程中底水的锥进现象不可避免，使得底水油气藏的开发难度要比边水油气藏大得多。底水油气藏的开发不能仅考虑油藏本身的复杂程度，而忽视底水的存在。底水在油气藏开发过程中能提供充足的能量来源，如果考虑不周，会给油气井生产带来严重的产水问题。如何充分利用底水的能量，又能控制油气井的产水问题，则是底水油气藏开发管理工作的重要内容。

底水油气藏的开发不能将底水排除在外，而应把底水和油气藏作为一个整体来看待[12]。在制定油气藏的开发方案或油气井的工作制度时，以及油气藏开发的每一个阶段，都应把油气藏和底水放在同等重要的位置加以考虑，进而提高油气藏的最终开发效果。

2.2.2 射孔井段确定

射孔井段确定是多薄层储层开发管理工作的主要内容之一，合理的射孔井段对油气井日后的生产将产生重要影响。为了防止底水锥进给油气井生产带来不利影响，油气井的打开程度必须尽量小，或者说油井的避水高度应尽量大，但打开程度太小又会影响油井的产量，为了克服底水锥进给油井生产带来的影响，射孔井段的底部要留够足够大的避水高度，射孔井段大小或射开程度的确定主要依靠经验法则。石灰岩多薄层储层的射开程度为30%~50%，砂岩多薄层储层的射开程度为50%~70%。

油井的临界产量随着油井打开程度的增大而减少，油井在一定生产压差下的日产油量随油井打开程度的增大而增加。若油井的实际产量大于油井的临界产量，油井在生产一定时间之后必将见水；若油井的实际产量低于油井的临界产量，油井的产能则没有得到很好的发挥。因此，对于特定的油井来说，存在着一个最佳的打开程度，在该打开程度下，油井的实际产量等于临界产量。油井的实际产量与油井的实际生产压差成正比，因而所谓的油井最佳打开程度是与油井的生产压差相对应的。多薄层储层油井的生产压差、最佳打开程度、最佳打开程度下的产油量之间有着密切的关系，其中一个参数确定之后，油井的打开程度一般不容易改变，但油井的工作机制容易改变。因而在实际生产过程中，可通过调整油井的工作制度，即改变油井的生产压差使油井的生产状态达到最佳状态。

2.2.2.1 无隔板油井

图 2.3 为无隔板油井的射孔井段示意图。

这种射孔情况下油井临界产量为：

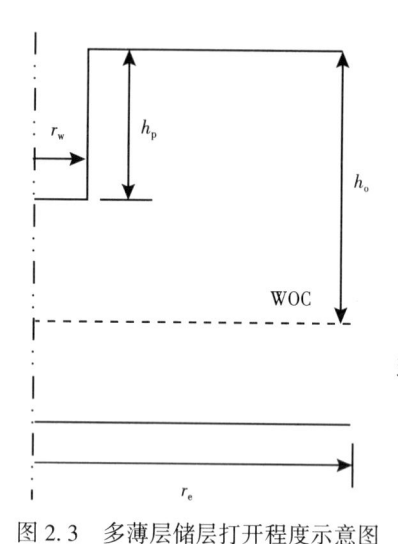

图 2.3 多薄层储层打开程度示意图

$$q_1 = \frac{\pi K \Delta \rho_{wo} g(h_o^2 - h_p^2)}{B_o \mu_o \left[\ln\left(\dfrac{r_e}{r_w}\right) + S\right]} \quad (2.1)$$

而油井的实际产量满足下式：

$$q_o = \frac{2\pi K h_o g(h_o^2 - h_p^2)}{B_o \mu_o \left[\ln\left(\dfrac{r_e}{r_w}\right) + S\right]} \quad (2.2)$$

式中 S——油井总表皮因子；

r_w——井筒直径，m；

r_e——有效开采直径，m；

h_p——射孔井段厚度，m；

h_o——储层厚度，m；

μ_o——地层原油黏度，mPa·s；

$\Delta\rho_{wo}$——地层条件下的水油密度差，kg/m³；

B_o——原油体积系数；

K——渗透率，mD。

由以上计算公式可以得到图 2.4，从图中曲线可以看出，油井的实际产量 q_o 随着打开程度的增大而增加，油井的临界产量 q_1 随油井打开程度的增大而减小，产量曲线与临界产量曲线的交点的横坐标即为油井的最佳打开程度（b_{opt}）。

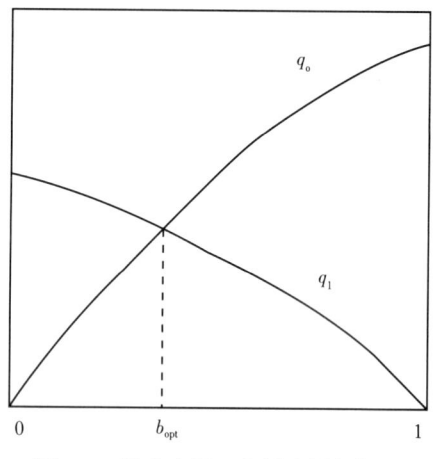

2.2.2.2 带隔板油井

对于隔板比较发育的多薄层储层，油井应根据隔板的分布进行射孔。通常情况下，油藏中的天然隔板往往不止一个，因此，首先应把每个隔板的临界产量计算出来，然后再与产量曲线进行对比。凡是临界产量高，同时又能使油井产量高的隔板都可考虑给予保护和利用，凡是临界产量低或临界产量高但油井产量低的隔板都不予以考虑利用。图 2.5 是带隔板油藏的临界产量、油井

图 2.4 油井产量、临界产量与打开程度的关系曲线

产量与打开程度的关系曲线图。如果不考虑隔板的存在，则油井的打开程度较小，油井的产量也较小。图 2.5 中有三个隔板，位置最高的隔板 1 的临界产量也最高，如果按隔板 1 对油井进行射孔，油井的打开程度最小，油井的产量也最小；位置最低的隔板 3 的临界产量最小，如果按隔板 3 对油井进行射孔，则油井的打开程度最大，油井的产量虽然较高，但油井实际生产时的产量却不高（因产量须低于临界产量）；隔板 2 的临界产量与油井的产量接近，它既能保证油井有较高的临界产量，又能保证油井有较高的产量，因此油井的打开程度应按隔板 2 的位置进行射孔。

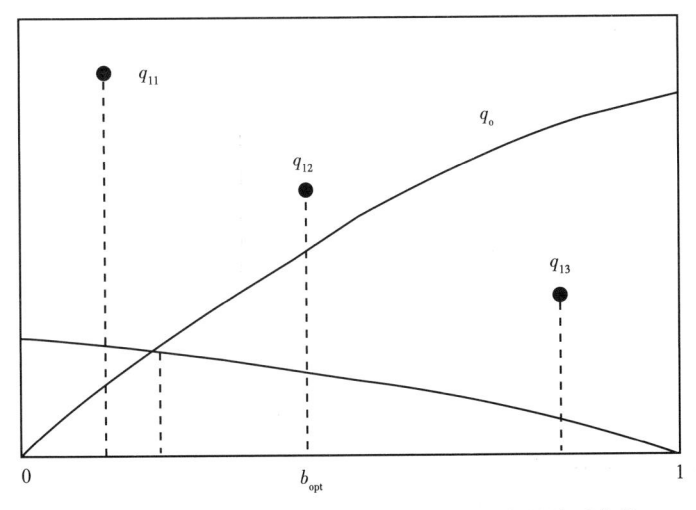

图 2.5　油井产量、隔板临界产量与打开程度的关系曲线

2.2.3　E 区块射孔工艺优化

E-3194 井具有部分储层和小层资料，有射孔后的测试数据及断续的油井产量记录表，因此针对 E-3194 井进行射孔优化分析。图 2.6 为 E-3194 井的射孔打开层位示意图。

测井解释数据表明，2109~2116m 储层厚度为 7m，净厚度为 2m，净毛比为 0.3，测试液量为 1100L/h，含水率为 20%，密度为 0.9kg/L；2167~2172m 储层厚度为 5m，净厚度为 3.1m，净毛比为 0.6，测试液量为 7000L/h，含水率为 20%，密度为 0.85kg/L；2264~2269m 和 2484~2487m 储层测试后全产水，含水率 100%。从 E-3194 井射孔测试资料解释可以看出该区块属于典型的多薄层储层，根据该井小层数据，建立数值模型，开展数值模拟研究。

2.2.3.1　油藏工程参数

E-3194 井油藏工程参数见表 2.3。

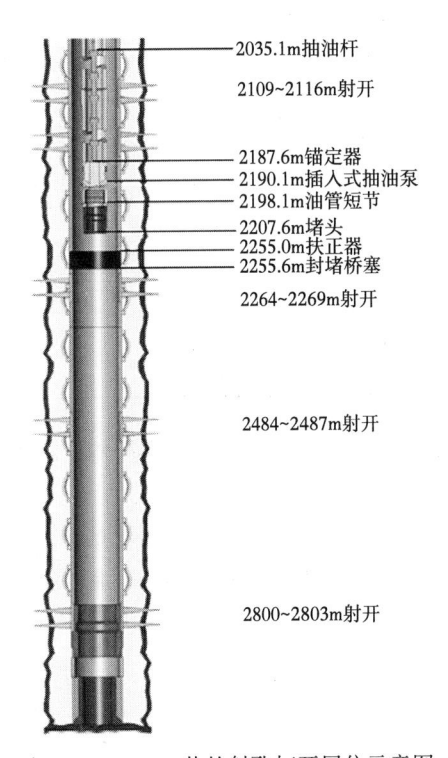

图 2.6　E-3194 井的射孔打开层位示意图

表 2.3　E-3194 井油藏工程参数

参数	单位	取值
水平渗透率	mD	50~120
垂直渗透率/水平渗透率	无量纲	<0.15
孔隙度	%	14~23
地层压力系数	无量纲	0.8~1

31

续表

参数	单位	取值
地面原油密度	g/cm³	0.88
地下原油黏度	mPa·s	6~20
地层油体积系数	无量纲	1.17
原油压缩系数	MPa⁻¹	0.0017
地层水压缩系数	MPa⁻¹	0.00021
饱和压力	MPa	12.94
原始气油比	ft³/bbl	300
原始地层温度	℃	83~101

2.2.3.2 油水相对渗透率曲线

E-3194 井油水两相相渗数据见表2.4。

表2.4 E-3194井相渗曲线数据

含水饱和度S_w,%	油相相对渗透率K_{ro}	水相相对渗透率K_{rw}
0.47	1	0
0.5	0.7	0.01
0.55	0.4	0.03
0.6	0.25	0.06
0.65	0.15	0.1
0.7	0.07	0.15
0.75	0.03	0.21
0.8	0	0.3

2.2.3.3 采油井射孔位置及打开程度优化研究

（1）射孔位置。

为了研究射孔位置对多薄层储层开采效果的影响，设定射孔打开程度为20%，模拟计算了E-3194井2167~2172m储层5个射孔位置（图2.7）进行射孔后的生产状况。

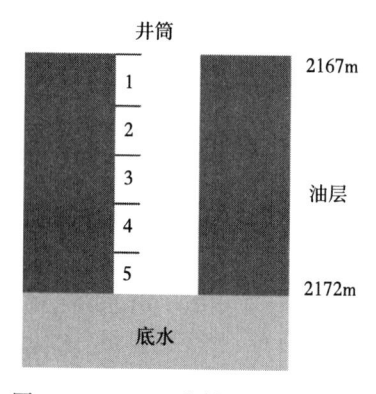

图2.7 E-3194井射孔位置示意图

①射孔层位 5 的日产油量、产水量和累计产油量、产水量如图 2.8 和图 2.9 所示。

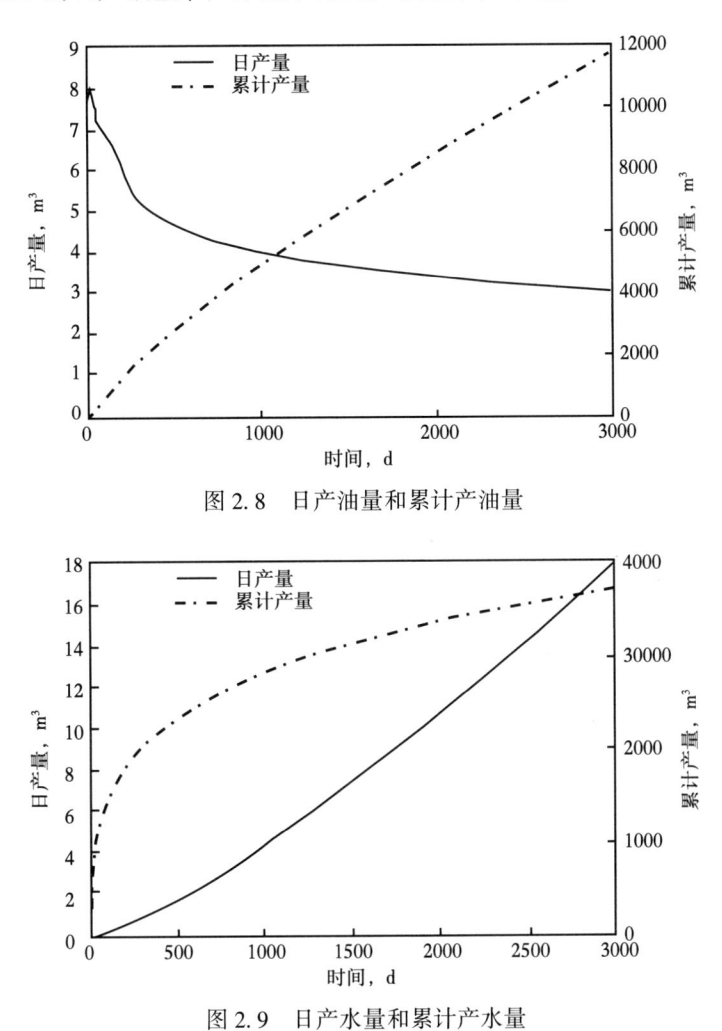

图 2.8　日产油量和累计产油量

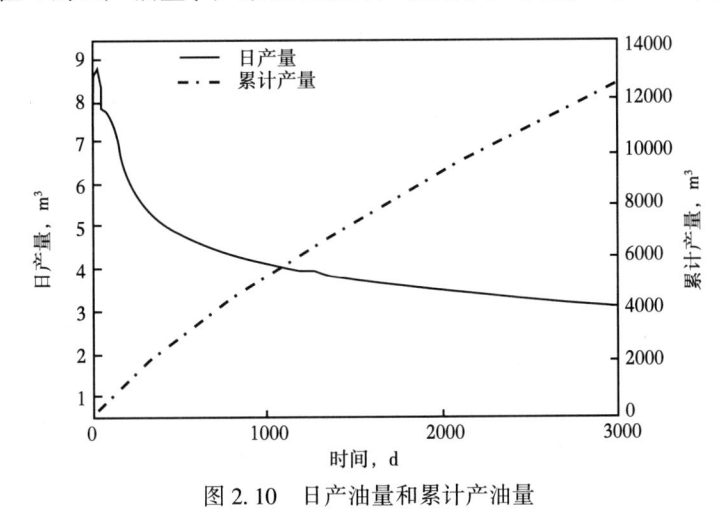

图 2.9　日产水量和累计产水量

②射孔层位 4 的日产油量、产水量和累计产油量、产水量如图 2.10 和图 2.11 所示。

图 2.10　日产油量和累计产油量

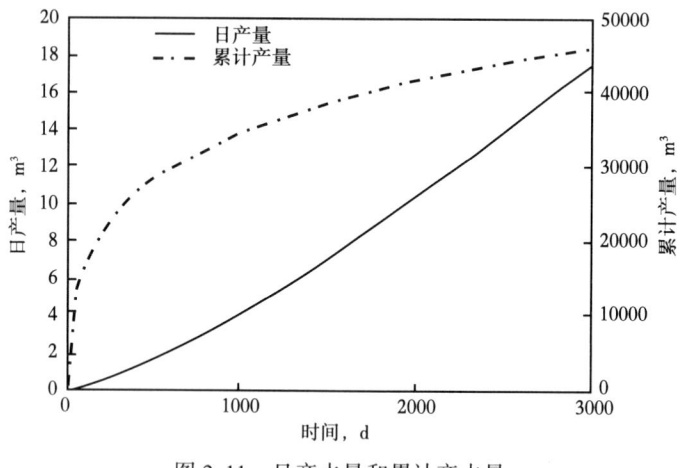

图 2.11 日产水量和累计产水量

③射孔层位 3 的日产油量、产水量和累计产油量、产水量如图 2.12 和图 2.13 所示。

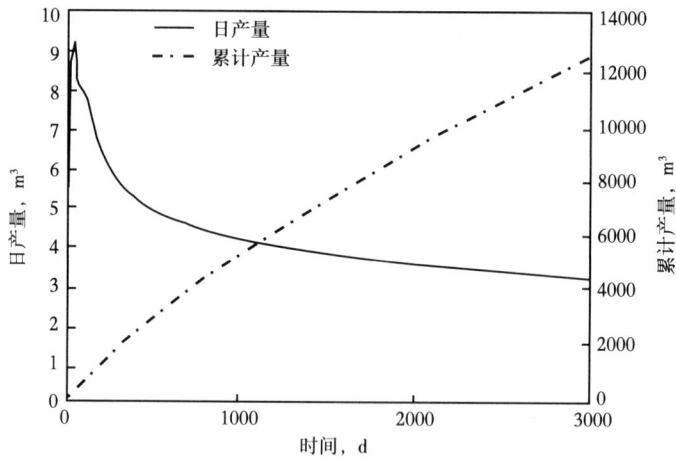

图 2.12 日产油量和累计产油量

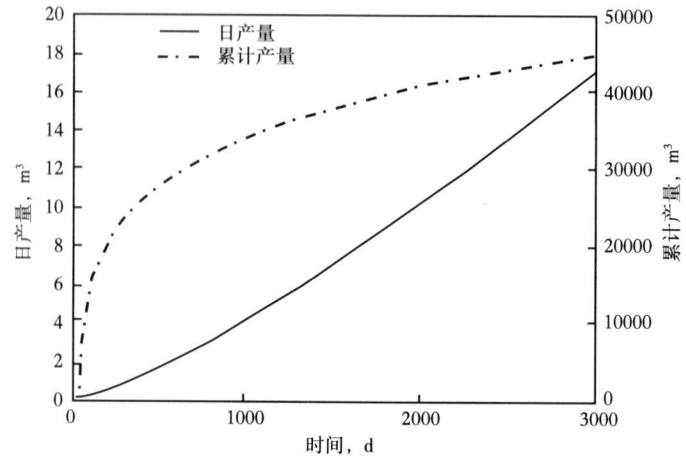

图 2.13 日产水量和累计产水量

④射孔层位2的日产油量、产水量和累计产油量、产水量如图2.14和图2.15所示。

图 2.14　日产油量和累计产油量

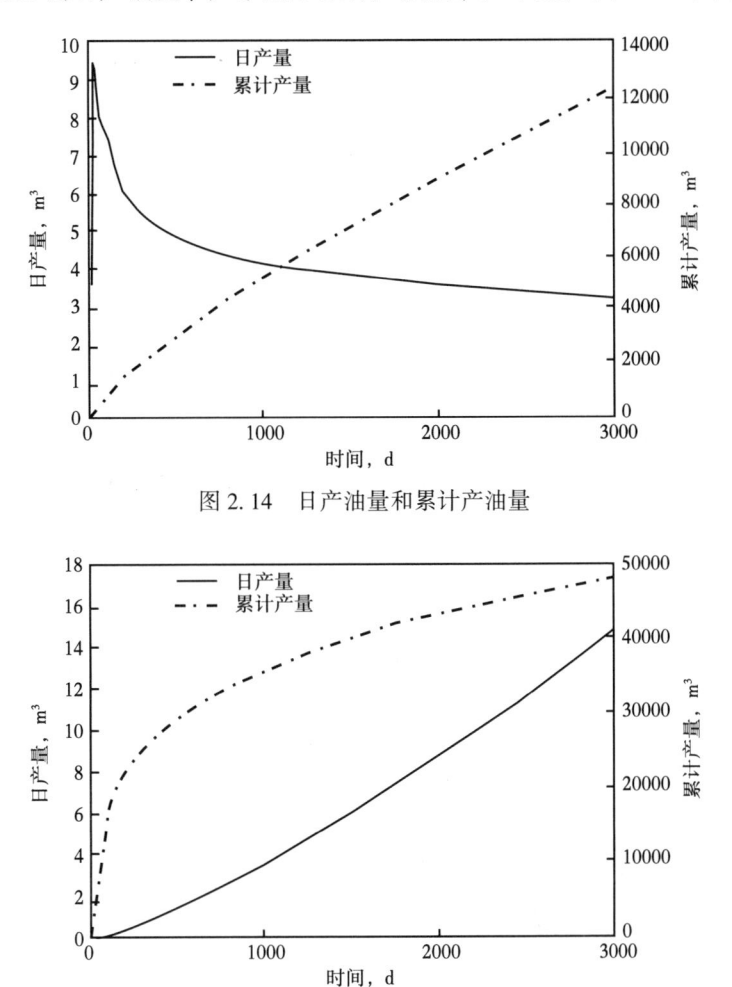

图 2.15　日产水量和累计产水量

⑤射孔层位1的日产油量、产水量和累计产油量、产水量如图2.16和图2.17所示。

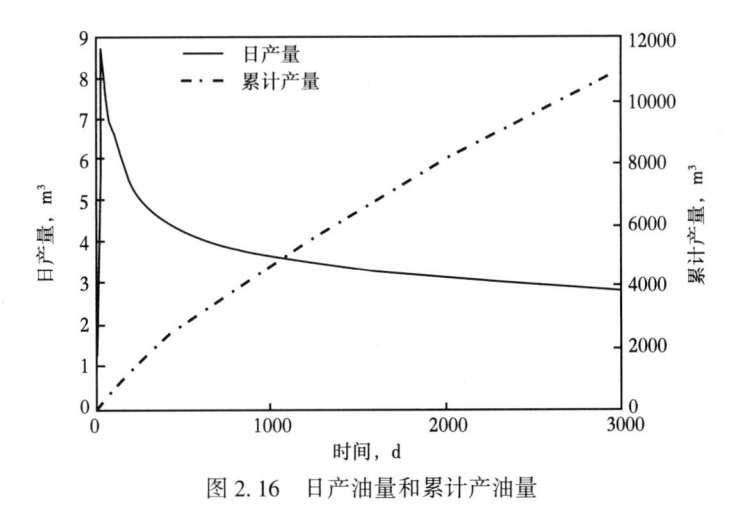

图 2.16　日产油量和累计产油量

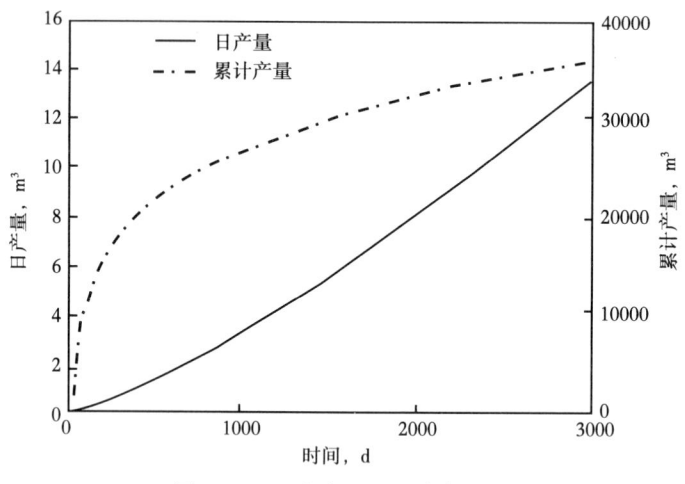

图2.17 日产水量和累计产水量

从图2.18可以看出，在E-3194井的储层条件下，相同射孔打开程度和射孔层厚时，射孔位置离油水界面最近和最远时日产油量的峰值最小，射孔层位2的日产油量峰值最大。

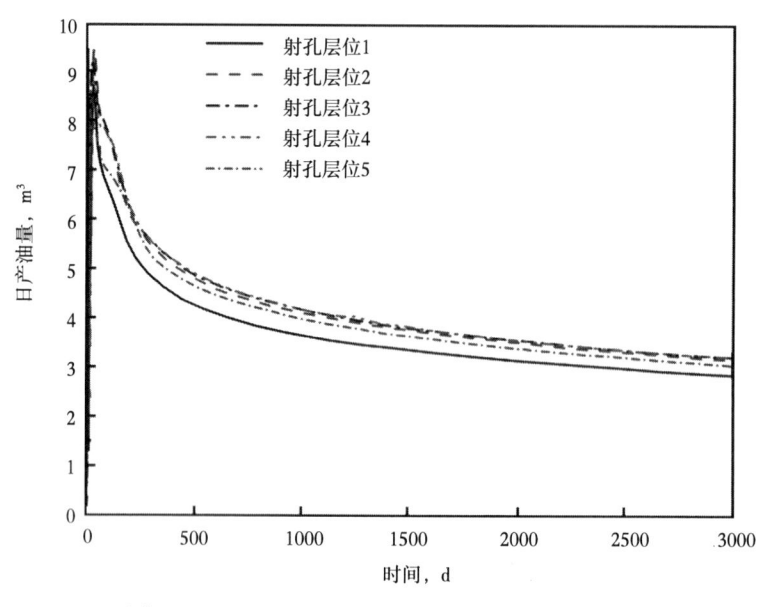

图2.18 E-3194井射孔层位1~5的日产油量对比

从图2.19和图2.20可以看出，在E-3194井的储层条件下，相同射孔打开程度和射孔层厚时，随着射孔位置向油水界面靠近，油井累计产油量呈现先增加后减少的趋势，油井累计产水量呈现递增的趋势，可见在E-3194井储层条件和20%射孔打开程度条件下，射孔层位并非距油水界面越近越好，存在最佳射孔位置，本井计算条件下最佳射孔层位位于储层中距离油水界面1/5~4/5位置。

（2）打开程度。

为了研究射孔打开程度对油井开采效果的影响，模拟计算了射孔打开程度分别为20%、30%、40%、50%、60%、80%和100%时的开发效果（图2.21）。

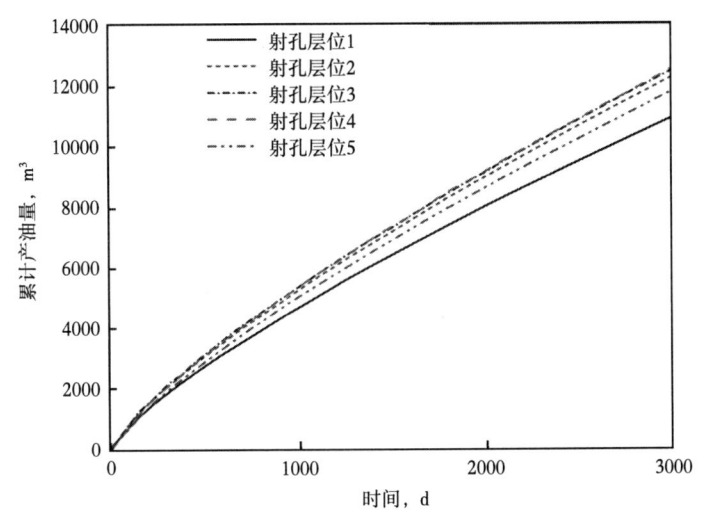

图 2.19　E-3194 井射孔层位 1~5 的累计产油量对比

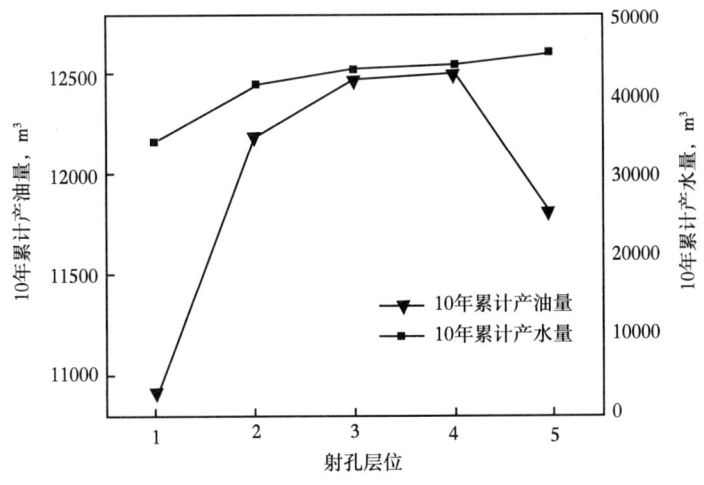

图 2.20　数值模拟 10 年累计产油量和产水量对比

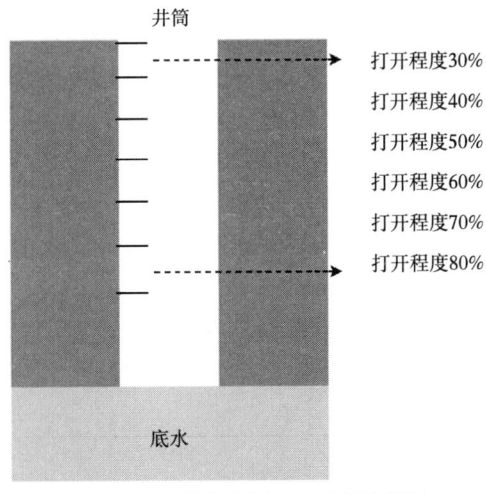

图 2.21　不同射孔打开程度示意图

37

①储层从顶部往下打开程度为30%时的日产油量、产水量和累计产油量、产水量如图2.22和图2.23所示。

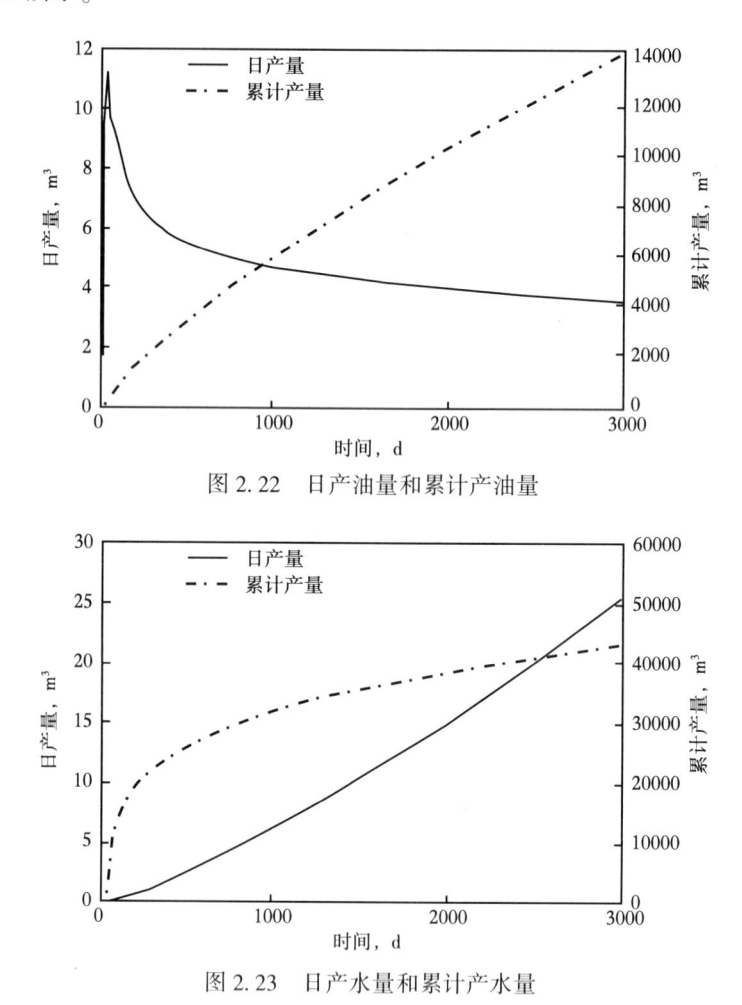

图2.22 日产油量和累计产油量

图2.23 日产水量和累计产水量

②储层从顶部往下打开程度为40%时的日产油量、产水量和累计产油量、产水量如图2.24和图2.25所示。

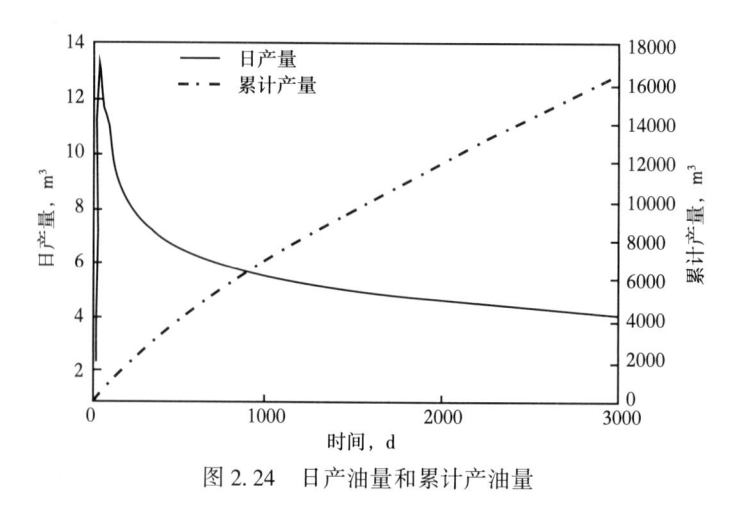

图2.24 日产油量和累计产油量

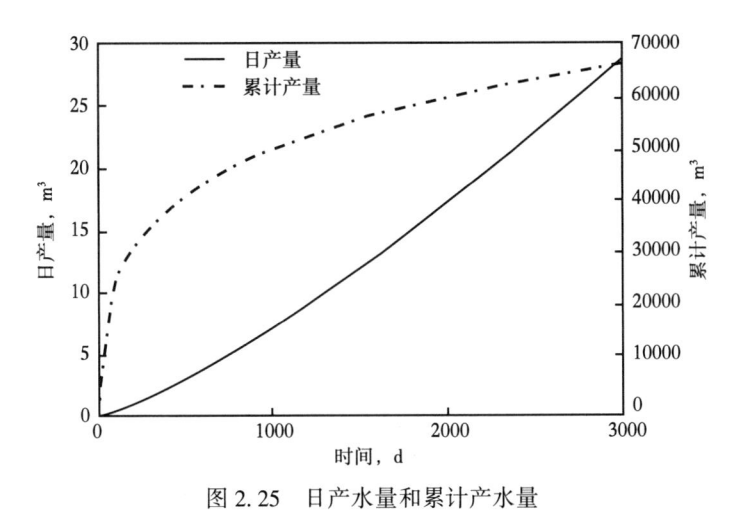

图 2.25　日产水量和累计产水量

③储层从顶部往下打开程度为 50%时的日产油量、产水量和累计产油量、产水量如图 2.26 和图 2.27 所示。

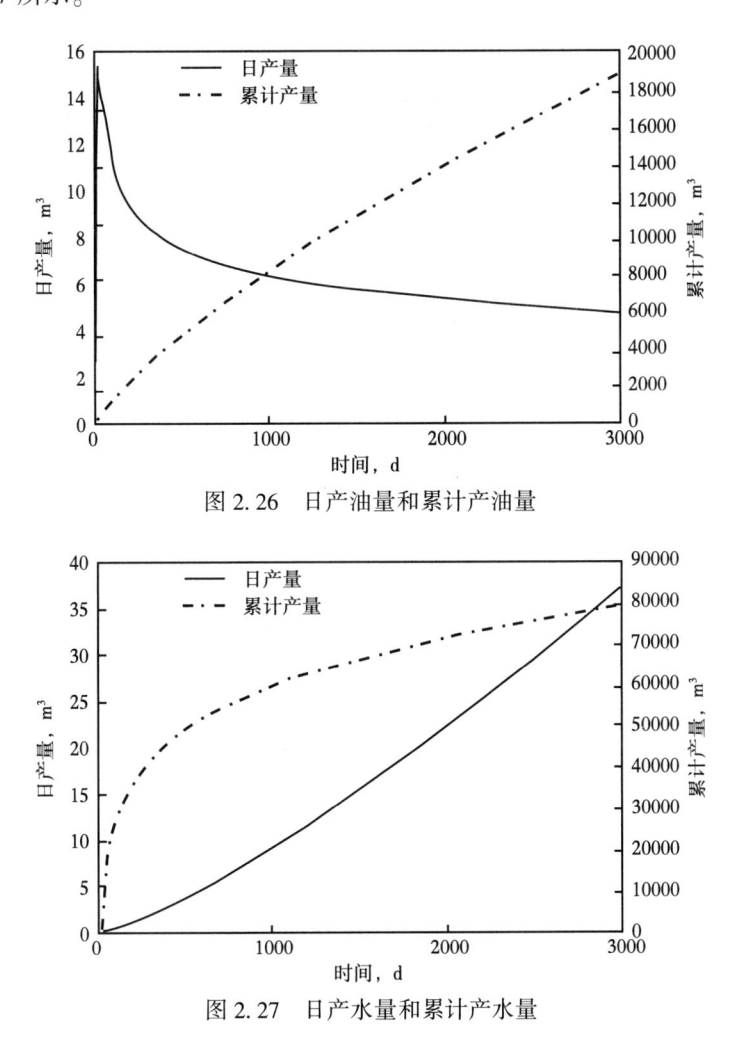

图 2.26　日产油量和累计产油量

图 2.27　日产水量和累计产水量

④储层从顶部往下打开程度为60%时的日产油量、产水量和累计产油量、产水量如图2.28和图2.29所示。

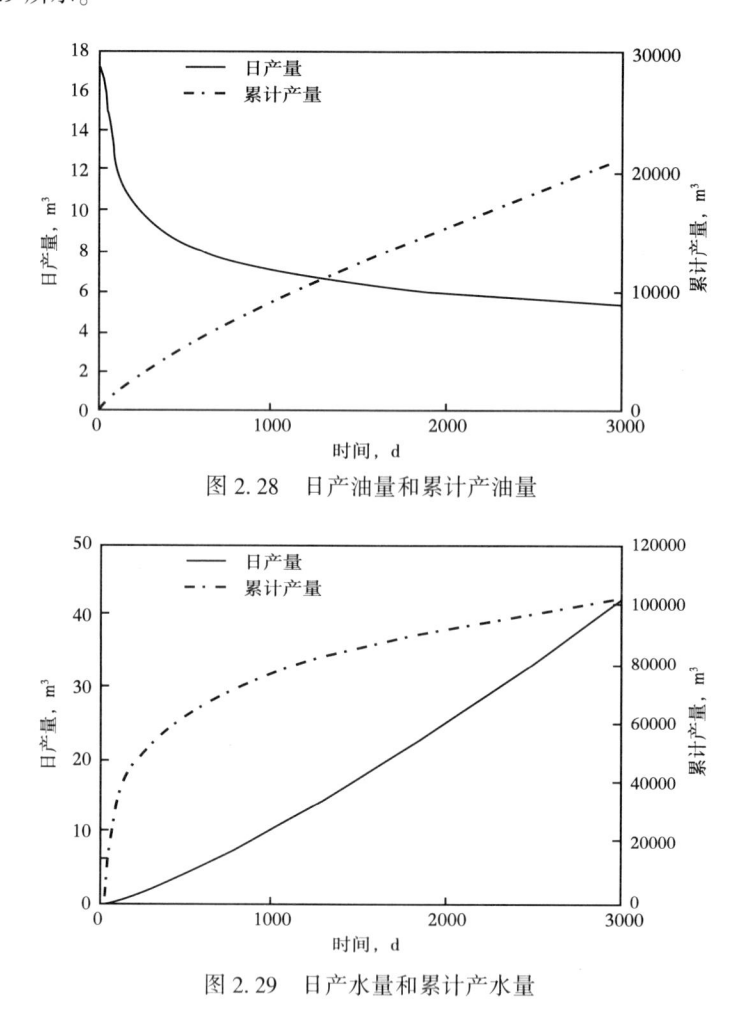

图 2.28 日产油量和累计产油量

图 2.29 日产水量和累计产水量

⑤储层从顶部往下打开程度为80%时的日产油量、产水量和累计产油量、产水量如图2.30和图2.31所示。

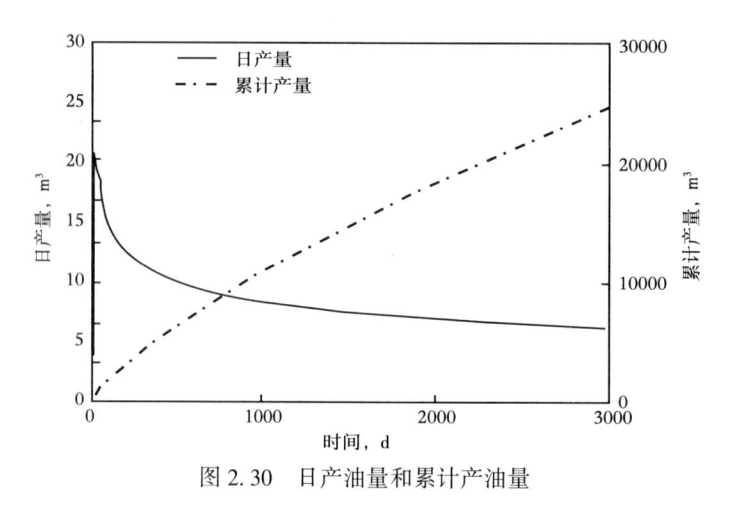

图 2.30 日产油量和累计产油量

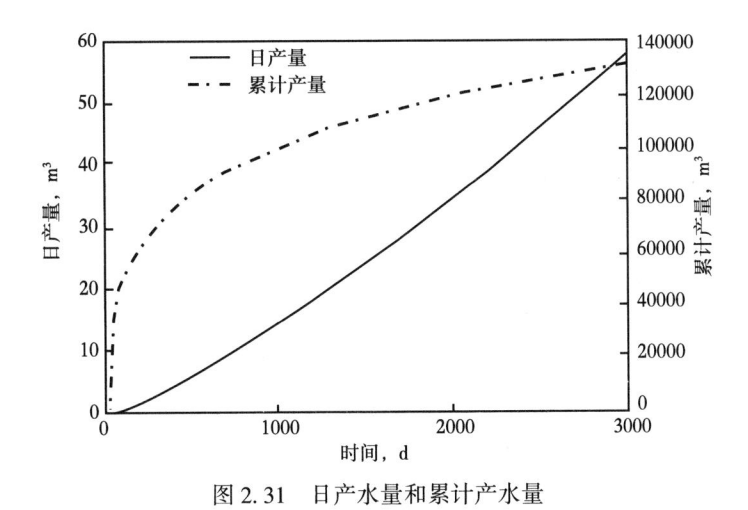

图 2.31　日产水量和累计产水量

⑥储层从顶部往下打开程度为 100%时的日产油量、产水量和累计产油量、产水量如图 2.32 和图 2.33 所示。

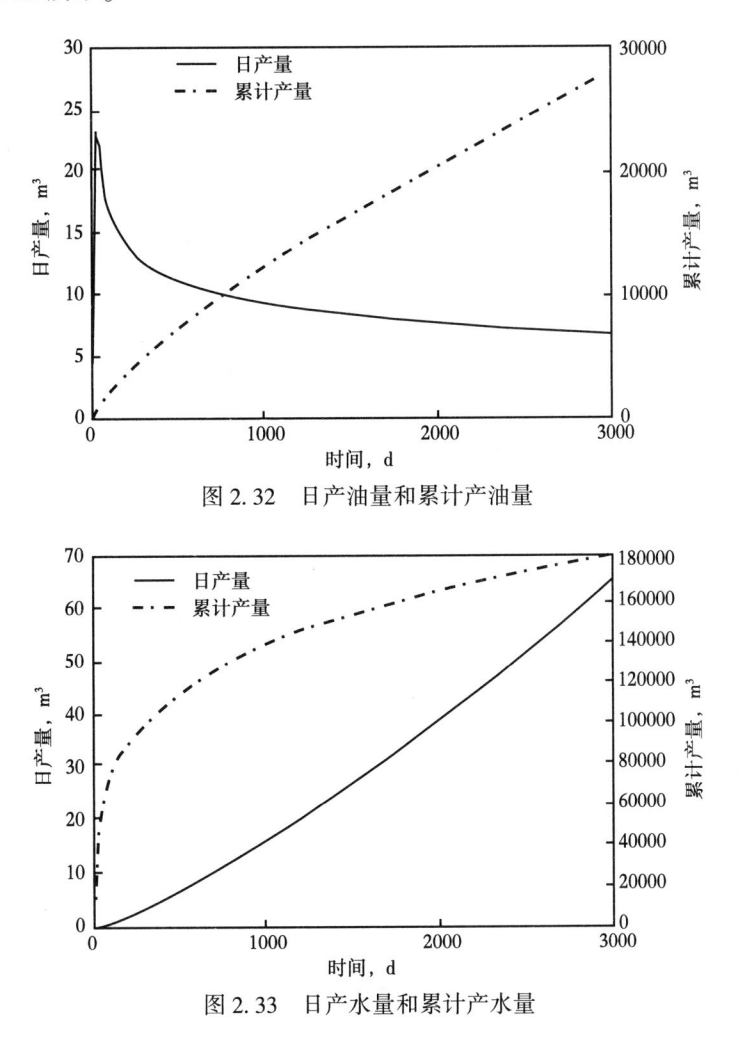

图 2.32　日产油量和累计产油量

图 2.33　日产水量和累计产水量

41

从图 2.34 和图 2.35 可以看出，当射孔打开程度自储层顶部向储层底部逐渐增大时，累计产油量和累计产水量都随打开程度的增大而增加。

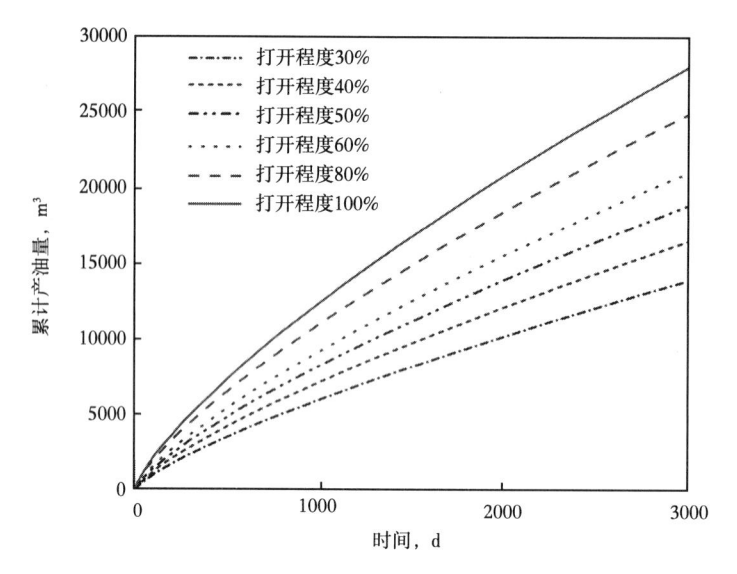

图 2.34 E-3194 井不同射孔打开程度累计产油量对比

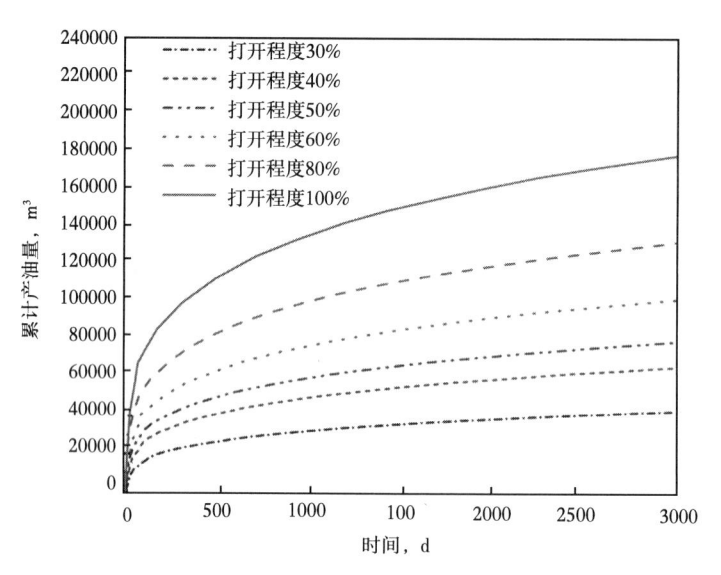

图 2.35 E-3194 井不同射孔打开程度累积产水量对比

从图 2.36 可以看出，假定日产水 1m³ 之前为无水产油期，随着射孔打开程度的增大，无水产油期时间缩短。由于 E-3194 井储层薄，储层本身含水饱和度高，油水界面近，因此 E-3194 井无水采油期时间都很短。

随着射孔打开程度的增大，E-3194 井 10 年累计产液的含水率增加（图 2.37）。综合图 2.34 至图 2.37，当综合考虑到累计产油量、生产成本、水处理成本、原油价格等因素时，建议在储层层位 2/5~4/5 处射孔，全部射开，即全储层打开程度 60% 左右。

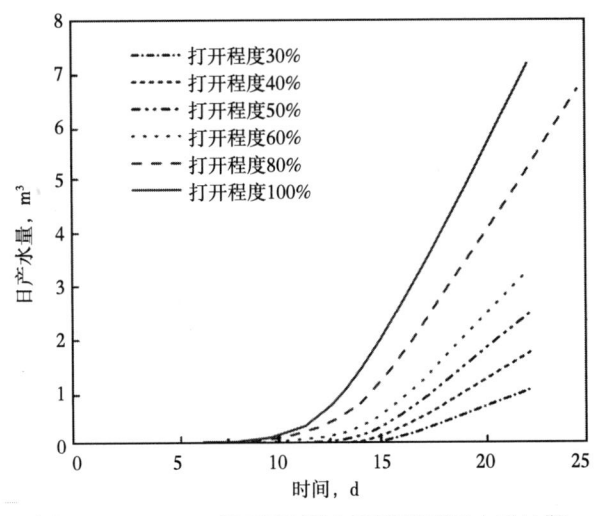

图 2.36 E-3194 井不同射孔打开程度下无水采油期

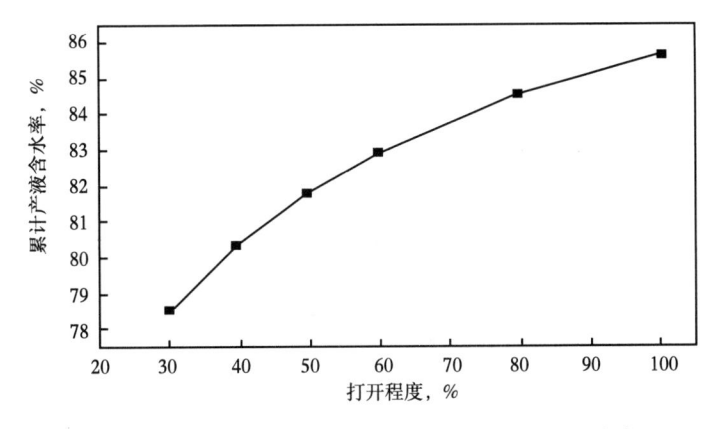

图 2.37 E-3194 井不同射孔打开程度累计产液含水率

2.2.3.4　E-3194 井优化射孔应用效果

E-3194 井采取了避水射孔，打开上部 60% 油层，从日产油、日产液含水率与邻井数据对比可以看出，优化射孔后，日产油和累计产油量相比邻井平均日产油量有所增多，含水率相对邻井平均数据要小（图 2.38、图 2.39）。

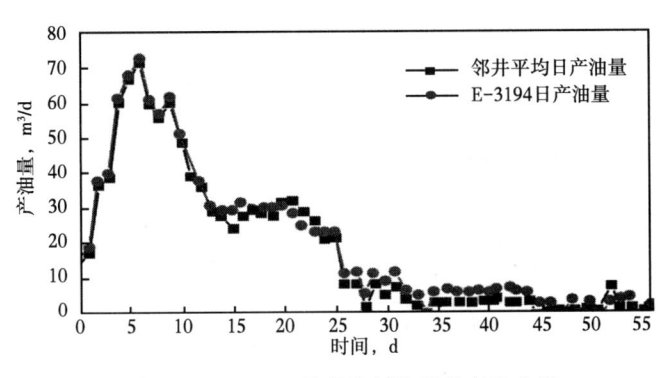

图 2.38　E-3194 井优化射孔后日产油曲线

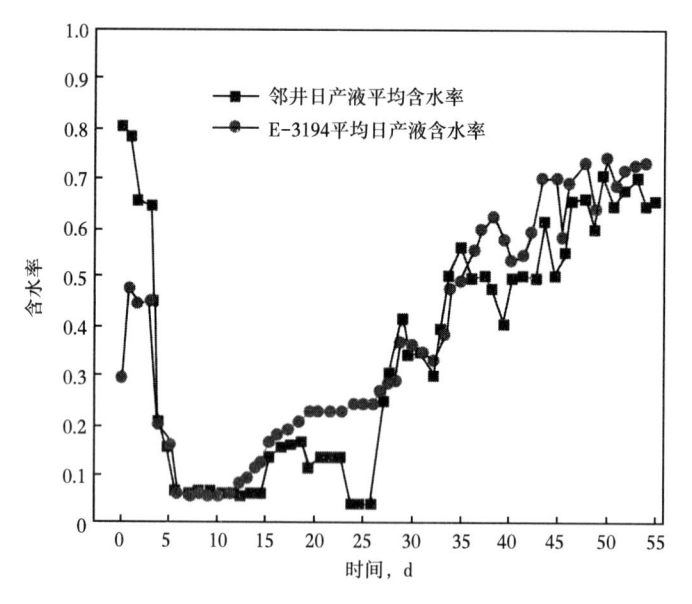

图2.39 E-3194井优化射孔后日产液平均含水率曲线

2.2.4 M区块射孔工艺优化

M-3146井具有部分储层和小层资料,以及部分射孔层位数据和生产数据,因此针对M-3146井进行射孔优化分析。图2.40为M-3146井的射孔打开层位示意图。

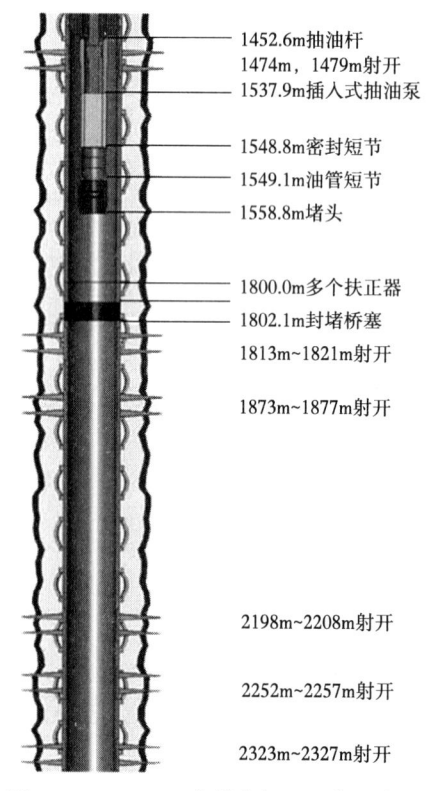

图2.40 M-3146井射孔打开层位示意图

44

1809~1821m储层厚度11.6m，净厚度5m，储层物性好，与下部储层相距较大，该层以下为水层。以该层开展数值模拟研究，进行射孔优化分析。

2.2.4.1 油藏工程参数

M-3146井油藏工程参数见表2.5。

表2.5 M-3146井油藏工程参数

参数	单位	取值
水平渗透率	mD	10~359
垂直渗透率/水平渗透率	无量纲	<0.15
孔隙度	%	14~30
地层压力系数	无量纲	0.8~1.12
地面原油密度	g/cm³	0.88
地下原油黏度	mPa·s	6~20
地层油体积系数	无量纲	1.17
原油压缩系数	MPa⁻¹	0.0017
地层水压缩系数	MPa⁻¹	0.00021
饱和压力	MPa	12.94
原始气油比	ft³/bbl	300
原始地层温度	℃	83~101

2.2.4.2 油水两相相对渗透率曲线

M-3146井油水两相相对渗透曲线数据见表2.6。

表2.6 M-3146井相对渗透率曲线数据

含水饱和度 S_w,%	油相相对渗透率 K_{ro}, mD	水相相对渗透率 K_{rw}, mD
0.47	1.00	0.00
0.50	0.70	0.01
0.55	0.40	0.03
0.60	0.25	0.06
0.65	0.15	0.10
0.70	0.07	0.15
0.75	0.03	0.21
0.80	0.00	0.30

2.2.4.3 采油井射孔位置及打开程度优化研究

（1）射孔位置。

为了研究射孔位置对多薄层储层开采效果的影响，设定射孔打开程度为25%，模拟计算了M-3146井4个射孔位置（图2.41）进行射孔后的生产状况。

从图2.42和图2.43可以看出，当射孔打开程度相同，都为25%时，射孔打开层位3和射孔打开层位2的日产油效果相对较好。

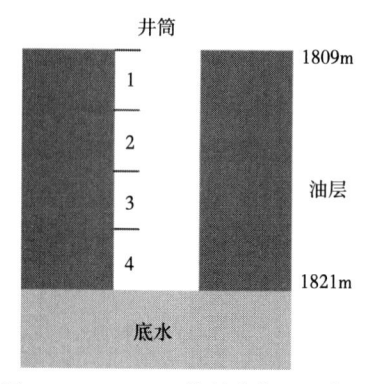

图 2.41 M-3146 井射孔位置示意图

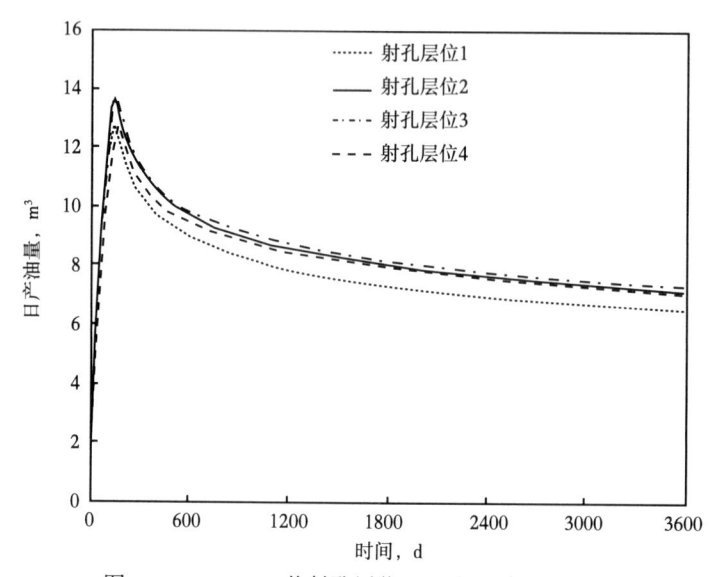

图 2.42 M-3146 井射孔层位 1~4 的日产油量对比

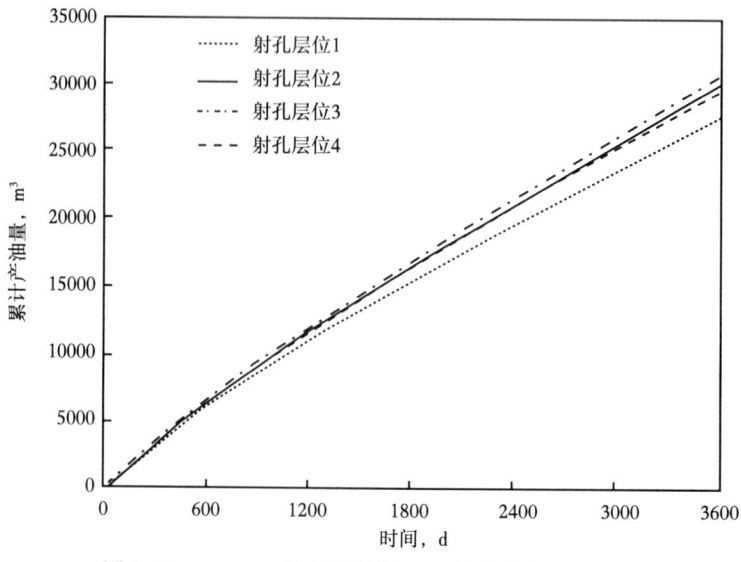

图 2.43 M-3146 井射孔层位 1~4 的累计产油量对比

从图 2.44 可以看出，在 M-3146 井的储层条件下，相同射孔打开程度和射孔层位时，随着射孔位置向油水界面靠近，油井累计产油量呈先增加后减少的趋势，油井累计产水量呈现递增的趋势，可见在 E-3194 井储层条件和 25%打开程度下，射孔层位并非距离油水界面越近越好，存在最佳射孔位置，本井计算条件下最佳射孔层位位于储层中距离油水界面 1/4~3/4 位置。

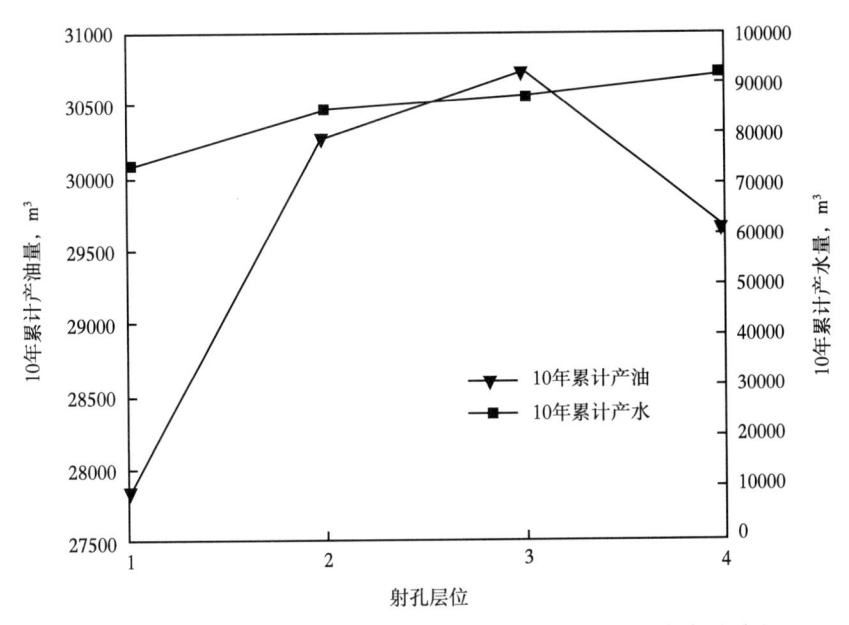

图 2.44 M-3146 井射孔层位 1~4 的 10 年累计产油、年产水量对比

（2）打开程度。

为了研究射孔打开程度对油井开采效果的影响，模拟计算了 M-3146 井射孔打开程度分别为 33.3%、41.6%、50.0%、66.7%、83.3%和 100%时的开发效果（图 2.45）。

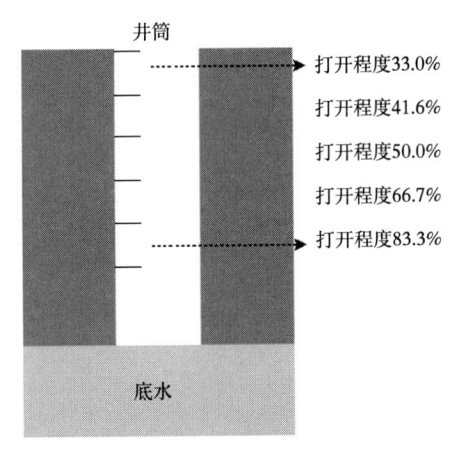

图 2.45 M-3146 井不同射孔打开程度示意图

从图 2.46 和图 2.47 可以看出，以油层顶部为参照点，随着射孔打开程度的增大，M-3146 井累积产油量和累计产水量增大。

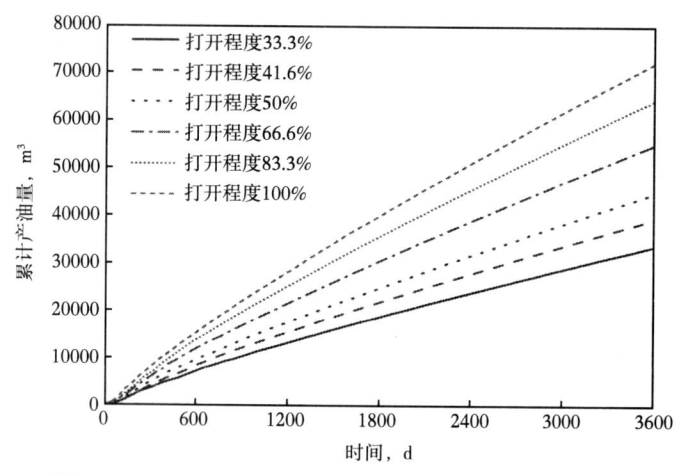

图 2.46　M-3146 井不同射孔打开程度的累计产油量对比

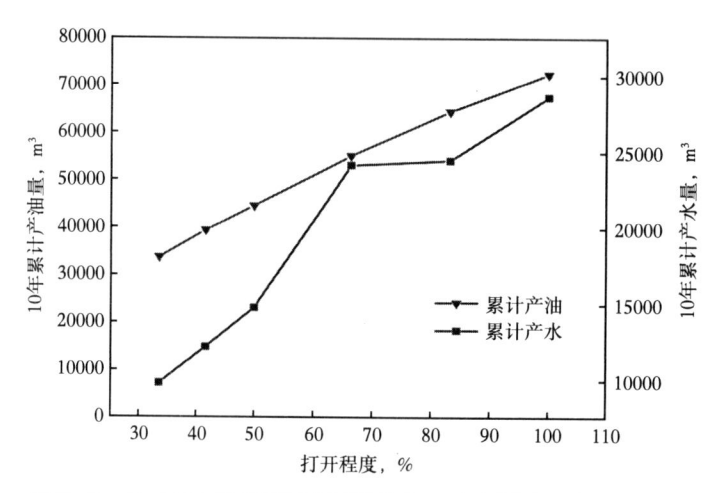

图 2.47　M-3146 井不同射孔打开程度 10 年累计产油产水量对比

从图 2.48 可以看出，随着射孔打开程度的增大，M-3146 井 10 年累计产液的含水率逐渐增大。

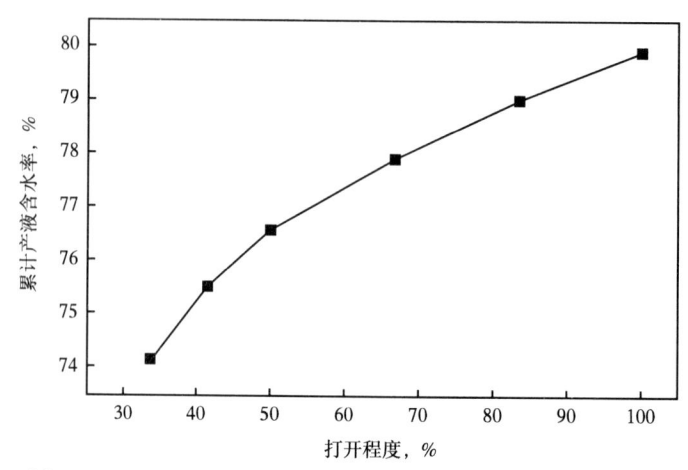

图 2.48　M-3146 井不同射孔打开程度下 10 年累计产液含水率

综合图 2.46 至图 2.48 可以看出，由于 M-3146 井储层薄，油储层距油水界面近，且储层本身含水饱和度高，当仅考虑最大采油量时，建议全部储层段全部射开。在相同打开程度时，在储层层位 2/4~3/4 处射孔较为合适；当综合考虑累计产油量、生产成本、水处理成本、原油价格等因素时，建议在储层层位 2/4~3/4 处射孔，全储层打开程度 50% 左右。

2.2.4.4 M-3146 井优化射孔应用效果

M-3146 井采取了避水射孔，打开上部 50% 油层，从日产油、日产液含水率与邻井数据的对比可以看出，优化射孔后，日产油和累计产油量有所增多，含水率相对邻井平均数据要小（图 2.49、图 2.50）。

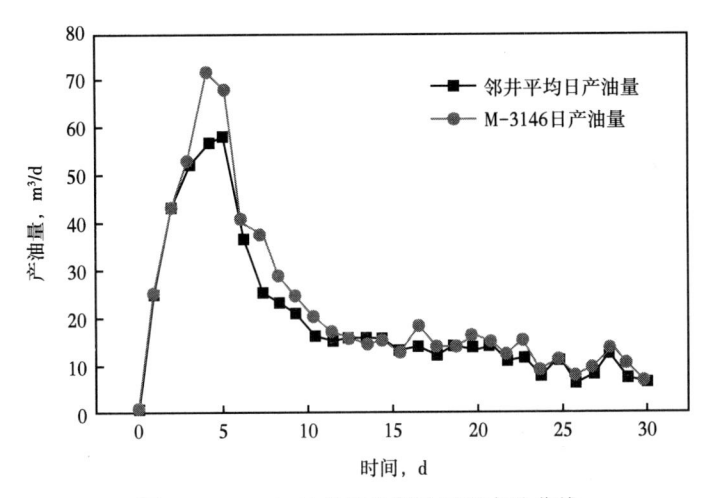

图 2.49　M-3146 井优化射孔后日产油曲线

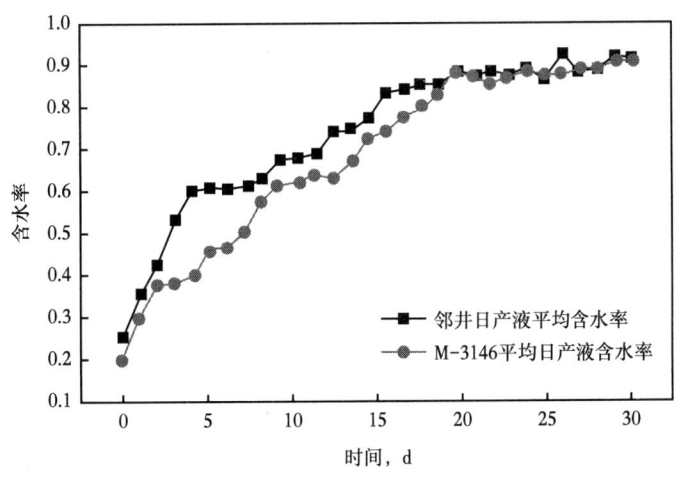

图 2.50　M-3146 井优化射孔后日产水曲线

参 考 文 献

[1] 刘合，裴晓含，罗凯，等. 中国油气田开发分层注水工艺技术现状与发展趋势 [J]. 石油勘探与开发，2013，40（6）：733-737.
[2] 张玉荣，闫建文，杨海英，等. 国内分层注水技术新进展及发展趋势 [J]. 石油钻采工艺，2011，33（2）：102-107.

［3］刘合，肖国华，孙福超，等．新型大斜度井同心分层注水技术［J］．石油勘探与开发，2015，42（4）：512-517.

［4］夏健，杨春林，谭福俊，等．华北油田分层注水技术现状与展望［J］．石油钻采工艺，2015，37（2）：74-78.

［5］李大建，牛彩云，何森，等．几种分层采油工艺技术在长庆油田的适应性分析［J］．石油地质与工程，2011，25（6）：124-127.

［6］李俊成，杨亚少，许莉娜，等．低渗透油藏分层注采对应技术研究与试验［J］．石油天然气学报，2014，36（5）：141-144，8-9.

［7］李大建，牛彩云，何森，等．长庆油田分采泵分层采油工艺技术研究与应用［J］．石油地质与工程，2012，26（6）：97-98.

［8］伍朝东，李胜，汪团元，等．井下智能找堵水分层采油技术［J］．石油天然气学报，2008（3）：376-378.

［9］熊小伟，李云鹏，张静蕾，等．一种预测底水油藏水锥动态及见水时间的新方法［J］．断块油气田，2014，21（2）：221-223.

［10］赵燕，陈向军．底水油藏水锥回落高度预测模型［J］．断块油气田，2018，25（3）：367-370

［11］王涛．底水油藏直井含水上升预测新方法的建立［J］．岩性油气藏，2013，25（5）：109-112.

［12］章威，李廷礼，刘超，等．底水油藏直井水锥形态的定量描述新方法［J］．天然气与石油，2014，32（3）：34-37.

［13］赵新智，朱圣举．低渗透带隔板底水油藏油井见水时间预测［J］．石油勘探与开发，2012，39（4）：471-474.

［14］李传亮．带隔板底水油藏油井射孔井段的确定方法［J］．新疆石油地质，2004（2）：199-201.

［15］朱圣举，张明禄，史成恩．底水油藏的油井产量与射孔程度及压差的关系［J］．新疆石油地质，2000（6）：495-497.

［16］刘峰，洪建伟，任建红，等．低渗透带半渗透隔板的底水油藏油井见水时间预测［J］．钻采工艺，2014，37（2）：51-53.

［17］陈浩，张仕强，钟水清，等．薄层、底水油藏水锥控制技术研究与应用［J］．天然气勘探与开发，2005（4）：43-45，72.

［18］王世洁，刘峰，王艳玲．低渗透带半渗透隔板的底水油藏油井见水时间预测［J］．大庆石油地质与开发，2013，32（5）：56-60.

3 压裂施工分析及效果评价

3.1 小型压裂测试分析

小型压裂测试是一种十分有效的认识压裂过程和获取储层参数的技术，是在主压裂施工前进行的不加支撑剂的小规模压裂施工。通过记录小型压裂施工后井口的压力数据，分析压降数据和曲线可取得相关参数，如裂缝延伸压力、闭合压力、闭合时间、有效渗透率、储层压力、滤失系数和压裂液效率等[1-10]；还可以定量分析近井筒摩阻构成、起裂有效孔眼数量、近井筒裂缝弯曲摩阻，从而准确预测施工管柱摩阻[11-13]。成功的小型压裂测试可以为后续大型压裂设计、施工和经济评价提供可靠的数据。

阿根廷圣豪尔赫盆地油田直井主压裂施工前，每个层段都需要进行一次小型压裂测试，以获取储层参数，分析压裂液效率，修改和优化主压裂设计，科学指导压裂施工，增加压裂施工成功率。因此对典型区块压裂井进行小型压裂分析，能够得到储层关键参数，为后续压裂工艺优化奠定基础。

3.1.1 最小水平主应力分析

最小水平主应力是储层主要的应力参数，它在很大程度上影响着压裂施工的成败。利用该参数可以计算地面施工压力，预测施工可行性，优化完井套管刚度等级。获取该参数的精确方法是通过实施小型压裂施工，记录停泵后压力降数据，通过 G 函数曲线分析得到裂缝闭合时刻的压力，即为最小水平主应力值[14-15]（图 3.1）。

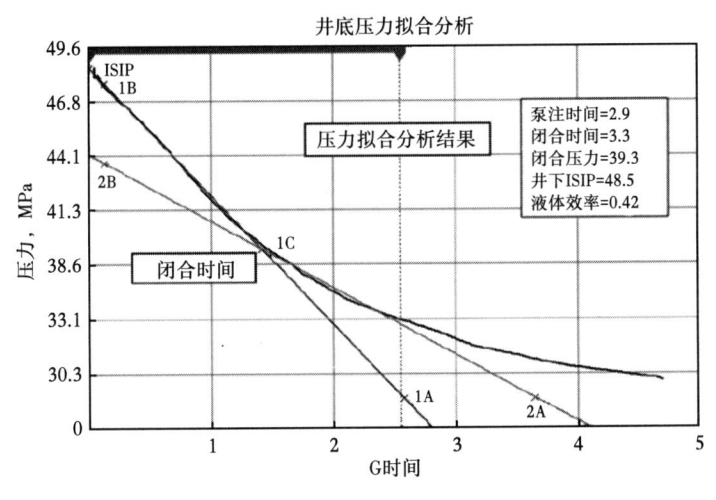

图 3.1 最小主应力分析方法示意图

通过以上方法，分析了 E 区块、M 区块和 S 区块 200 个压裂层位的最小水平主应力。对 E 区块 112 个压裂施工进行分析及统计，CS 储层最小水平主应力梯度分布范围为

0.01~0.016MPa/m，平均值为 0.012MPa/m；MDC 储层最小水平主应力梯度分布范围为 0.012~0.016MPa/m，平均值为 0.014MPa/m（图 3.2）。由数据可知，E 区块最小水平主应力梯度的最大值及最小值相差不大，表明在今后的压裂生产中可以适当减少小型压裂测试施工的次数，以降低作业时间和成本。但是，在相同储层埋深下 MDC 储层的应力梯度值要比 CS 储层的应力梯度值大，表明 MDC 储层压裂施工的难度比 CS 储层大。

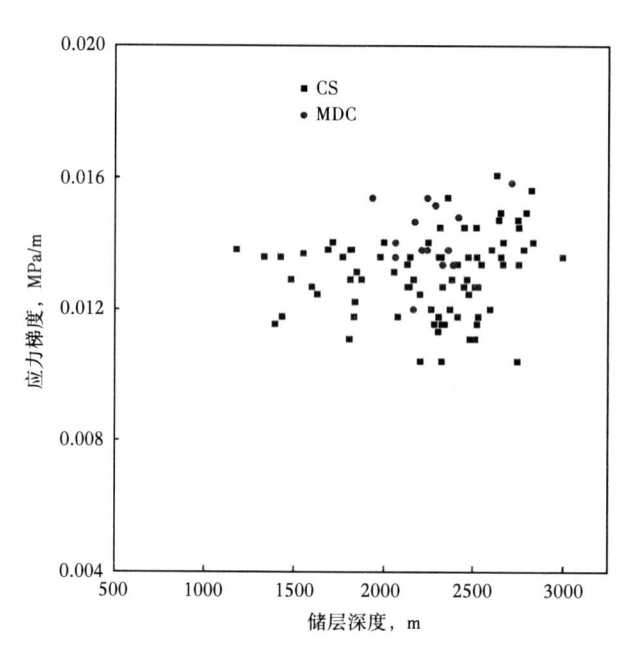

图 3.2 E 区块最小水平主应力梯度

如图 3.3 所示，M 区块 CS 储层的最小水平主应力梯度范围为 0.01~0.016MPa/m，平均值为 0.013MPa/m；MDC 储层的最小水平主应力梯度范围为 0.012~0.017MPa/m，平均

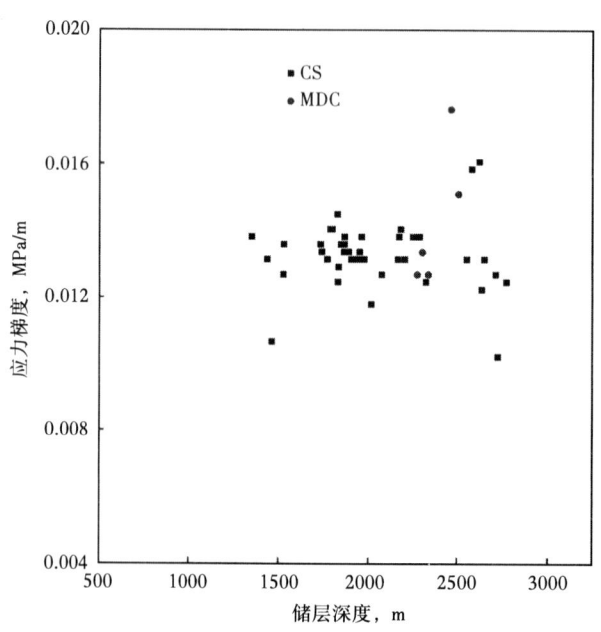

图 3.3 M 区块最小水平主应力梯度

值为 0.015MPa/m。由此可知，M 区块最小水平主应力梯度的最大值与最小值相差不大，这与 E 区块相似。因此，在今后的压裂生产中可以适当减少小型压裂测试施工的次数，以降低作业时间和成本。

如图 3.4 所示，S 区块 BB 储层最小水平主应力梯度范围为 0.01~0.016MPa/m，平均值为 0.012MPa/m。由于 BB 储层埋藏深度浅，应力梯度低，因此 S 区块储层压裂施工压力低，易于施工。

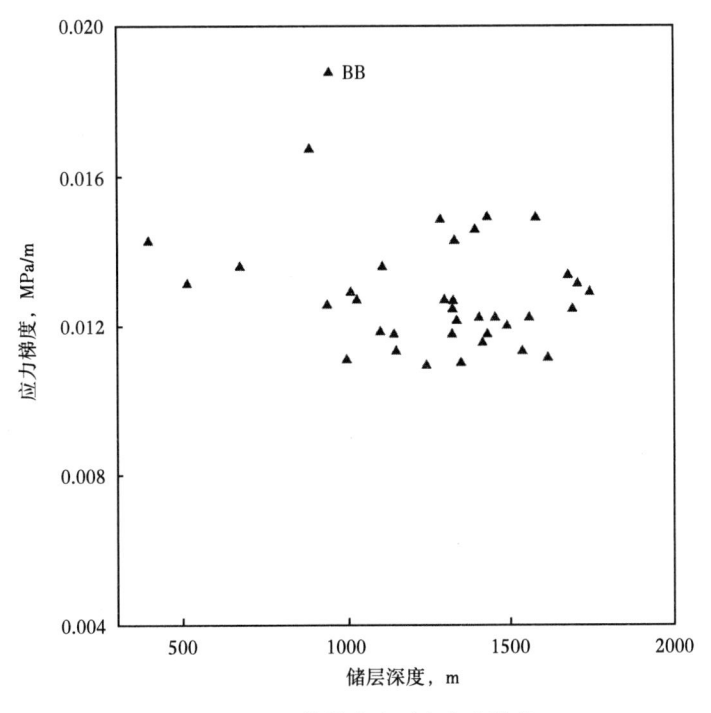

图 3.4 S 区块最小水平主应力梯度

表 3.1 是三个区块的最小水平主应力梯度与埋深统计。S 区块相较于 E 区块和 M 区块的地面施工压力低，易于压裂。

表 3.1 三个区块最小水平主应力梯度统计

工区	最小主应力梯度，MPa/m	埋深，m	预测施工压力
E	0.01~0.016	2000~2900	高
M	0.01~0.017	1500~2500	高
S	0.01~0.016	1000~1500	低

3.1.2 有效渗透率分析

有效渗透率是影响储层采收率的主要因素。由于小型压裂测试能够在目的储层产生一个覆盖一定储层面积的小尺寸裂缝，因此通过分析小型压裂测试记录的压力数据，可间接分析液体滤失特性，进而得到储层有效渗透率[16]。该分析方法源于试井理论，如图 3.5 所示。由于产生的小裂缝能够延伸出近井污染带，因此更能反映出原始地层的有效渗透率。本研究利用特殊压裂分析软件，对 3 个工区的 140 多个压裂层进行有效渗透率分析。

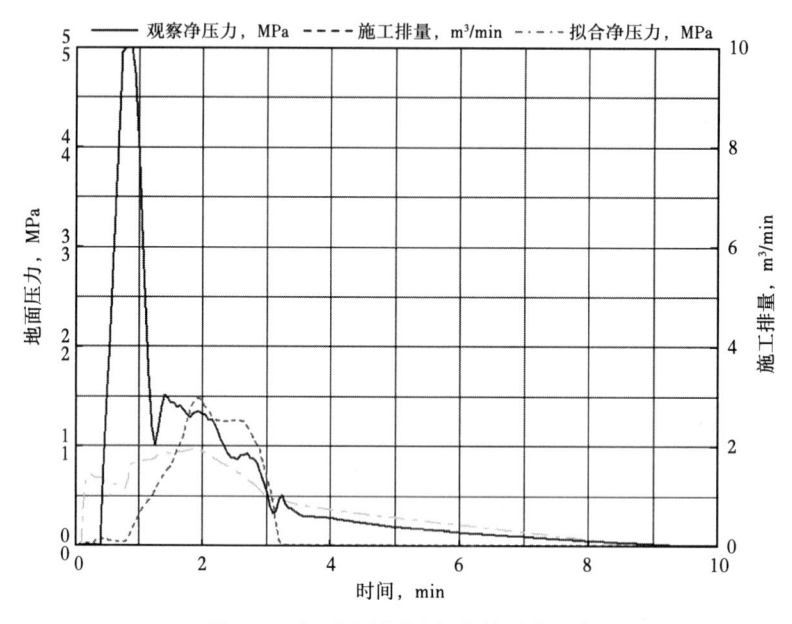

图 3.5 小型压裂测试拟合储层渗透率

对 E 工区，利用压降分析方法分析了 40 口井 73 个压裂层位，如图 3.6 所示。大多数储层有效渗透率低于 10mD，主要分布于 0.1~8mD。其中 CS 储层中有 10 个层的有效渗透率高于 10mD。CS 储层有效渗透率低于 10mD 的数据与埋深呈负相关关系，埋深越深储层有效渗透率越小。由此可知，在 CS 储层埋深越浅有效渗透率越高，易于开采，但这又与

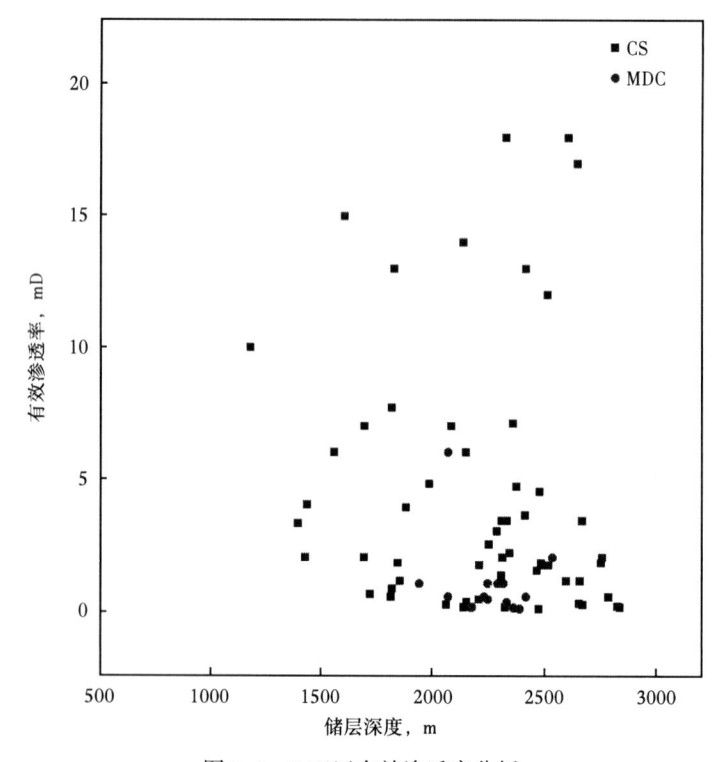

图 3.6 E 工区有效渗透率分析

储层压力、孔隙度、含油饱和度等参数有关。对于埋深深的储层，其有效渗透率为0.1~1mD，需要采取压裂或酸化措施实施增产改造。

MDC储层的有效渗透率为0.1~2mD，埋深为1800~2500m。该储层渗透率与埋深有一定关系，更大的上覆压力使得岩石孔隙度减少，压实储层，进而有效通道减少，影响有效渗透率。在E区块MDC储层的开发潜力小于CS储层。

M工区20口井31个压裂层位的有效渗透率分析结果表明该工区的有效渗透率为0.1~15mD，大多数储层的有效渗透率低于5mD（图3.7）。其中CS储层仅有5个层的有效渗透率高于10mD，该层的有效渗透率与埋深没有明显的相关性。MDC储层中，4个数据表明有效渗透率为0.1mD。MDC储层为特低渗透储层，开发潜力远小于CS储层。

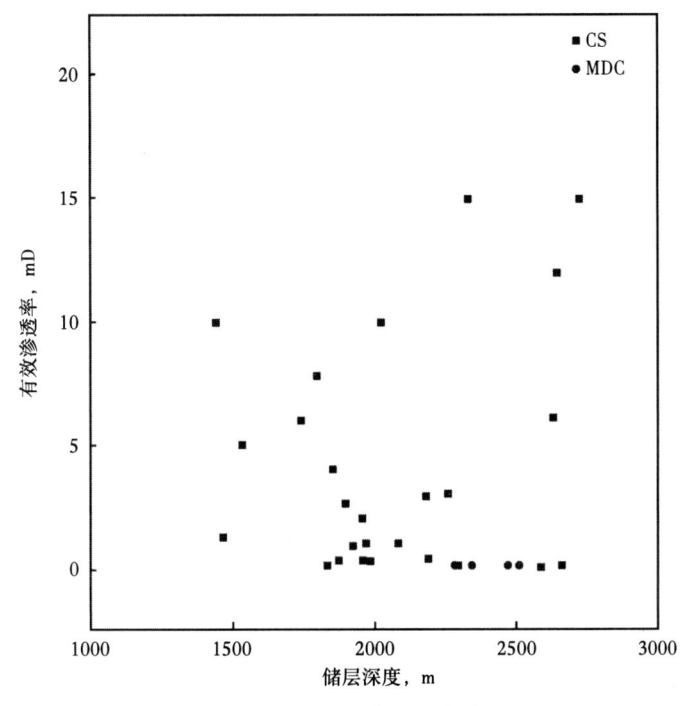

图3.7 M工区有效渗透率分析

对S工区14口井34个压裂层位的有效渗透率进行了分析。由图3.8可知，该工区的有效渗透率为0.1~12mD，大部分层位的有效渗透率低于5mD。只有4个层位的有效渗透率相对较高。在BB储层中有效渗透率与埋藏深度存在较明显的负相关性，埋藏越深渗透率越低。当埋深大于1300m时，有效渗透率主要为0.1mD，需要采取改造措施提高有效渗透率。

表3.2是3个区块的有效渗透率与埋深统计。可以看出3个区块的储层均为低渗透或特低渗透储层。需要采取增产措施提高储层渗透率，增加采收率。

表3.2 三个区块有效渗透率

工区	有效渗透率，mD	埋深，m	评价
E	0.1~8	1500~2900	低渗/特低渗透
M	0.1~5	1700~2700	低渗/特低渗透
S	0.1~5	400~1750	低渗/特低渗透

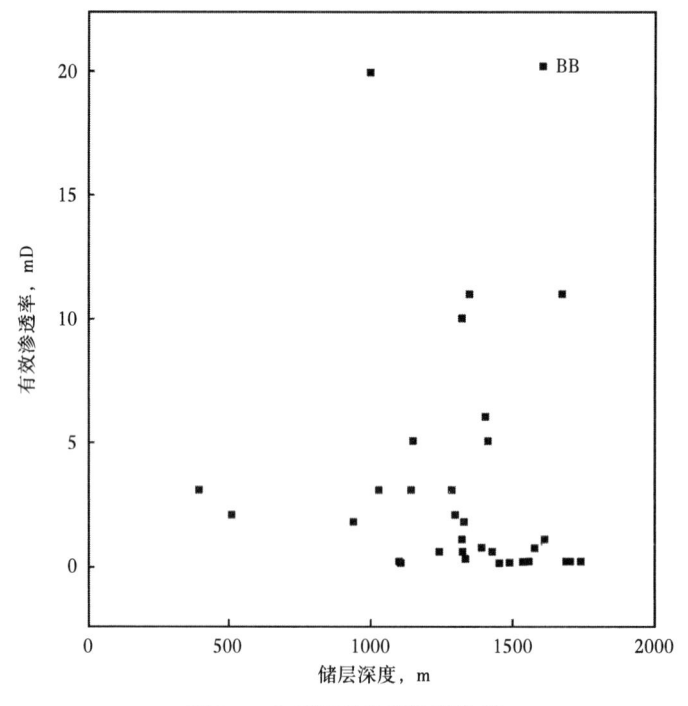

图 3.8 S工区有效渗透率分析

3.1.3 储层压力分析

储层压力是储层油气从地层流入井筒的源动力。该压力值可以通过小型压裂测试压降数据求得,该方法是求取储层压力的主要方法之一[17-18](图3.9、图3.10)。本书对3个

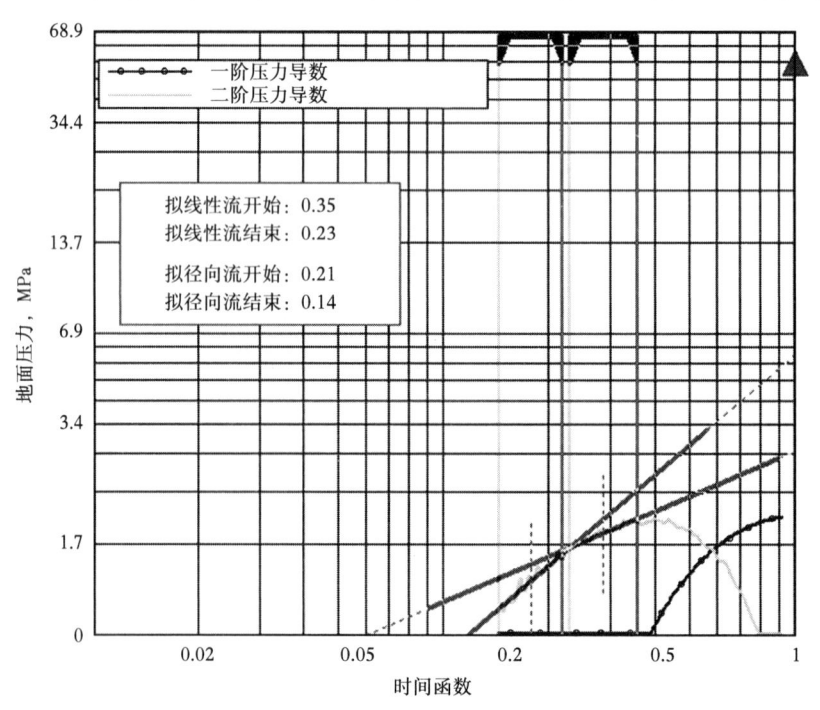

图 3.9 压后分析流态分析及划分

56

工区60口井的116个压裂层位进行了储层压力分析。

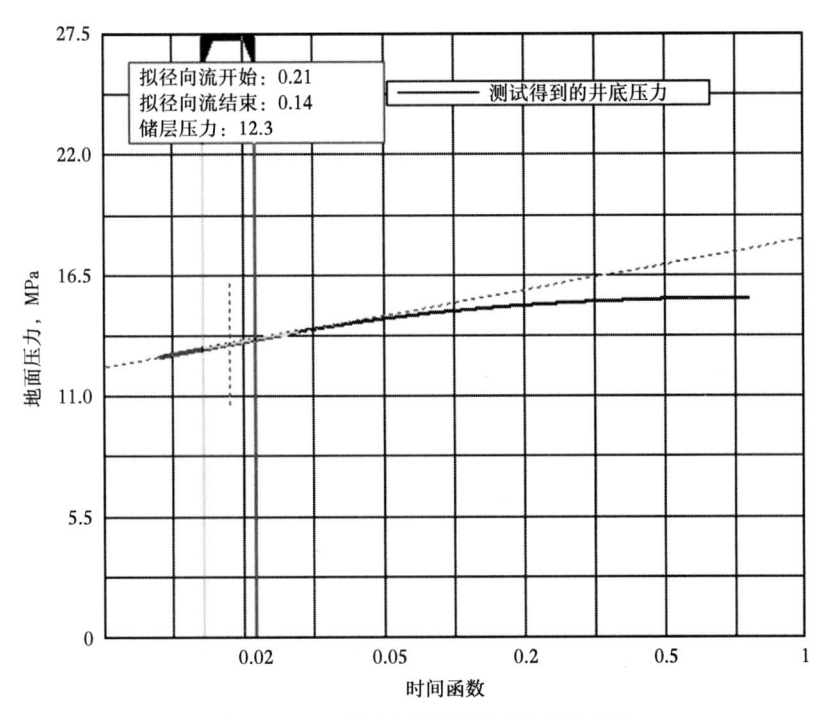

图3.10 压后分析地层拟径向流压力分析

对E工区40口井59个压裂层位的储层压力分析结果表明,该工区的储层压力梯度范围为0.004~0.012MPa/m,平均值为0.009MPa/m(图3.11)。其中有76%的储层压力梯

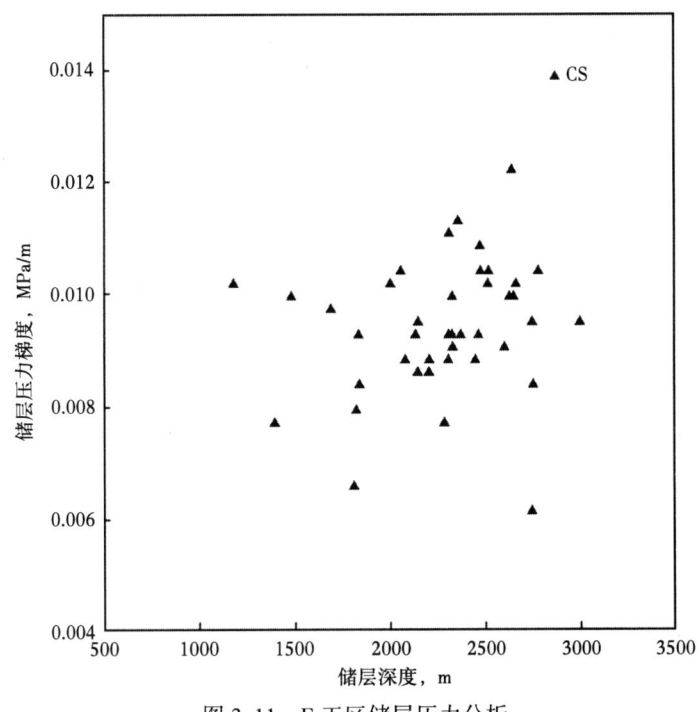

图3.11 E工区储层压力分析

57

度低于0.01MPa/m，这意味着大部分储层为低压状态。只有17%的储层为超压状态。在低压储层中有56.8%的储层压力梯度低于0.009MPa/m。在钻井和固井过程中，液体易于滤失至低压储层中，造成储层污染，如果射孔深度不能超过污染带，单井产量将受到很大影响。

对M工区22口井38个压裂层位的储层压力分析结果表明，该工区的储层压力梯度范围为0.006~0.014MPa/m，平均值为0.009MPa/m（图3.12）。其中有76.3%的储层压力梯度低于0.01MPa/m，与EI区相似，属于低压储层。在低压储层中有65.5%的储层压力梯度低于0.009MPa/m。

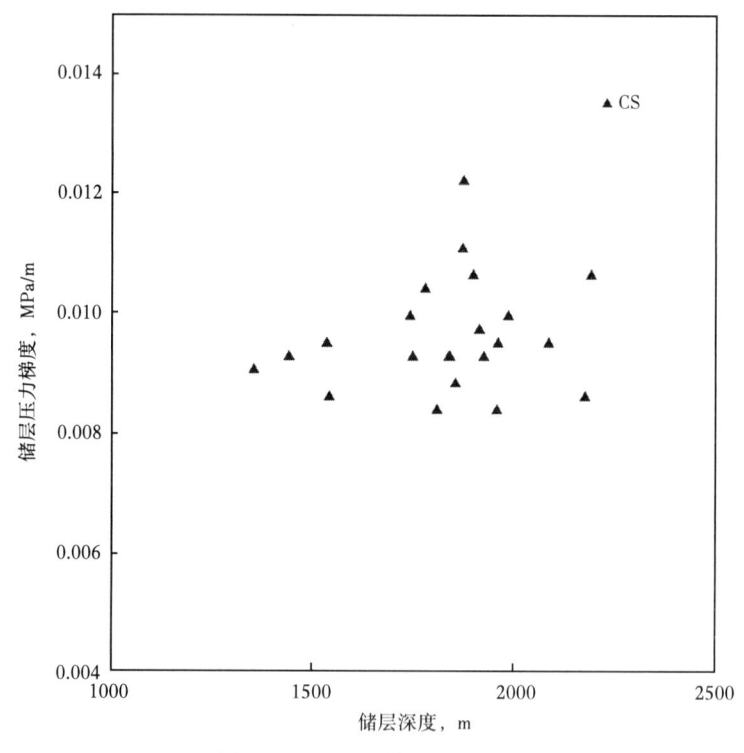

图3.12 M工区储层压力分析

对S工区88口井16个压裂层位的储层压力分析结果表明，该工区的储层压力梯度范围为0.007~0.016MPa/m，平均值为0.01MPa/m（图3.13）。其中有68.7%的储层压力梯度低于0.01MPa/m，属于低压状态。在低压储层中，有67.6%的储层压力梯度大于0.009MPa/m。S工区的储层压力高于E工区。

由表3.3可知，3个工区中大多数压裂的储层为低压状态，E工区压裂的低压储层比例为76%，M工区为76.3%，S工区为68.7%。表明三工区在钻井及固井过程中，钻井液

表3.3 三个工区储层压力统计

工区	储层压力梯度，MPa/m	低压储层比例，%
E	0.004~0.012	76
M	0.006~0.014	76.3
S	0.007~0.016	68.7

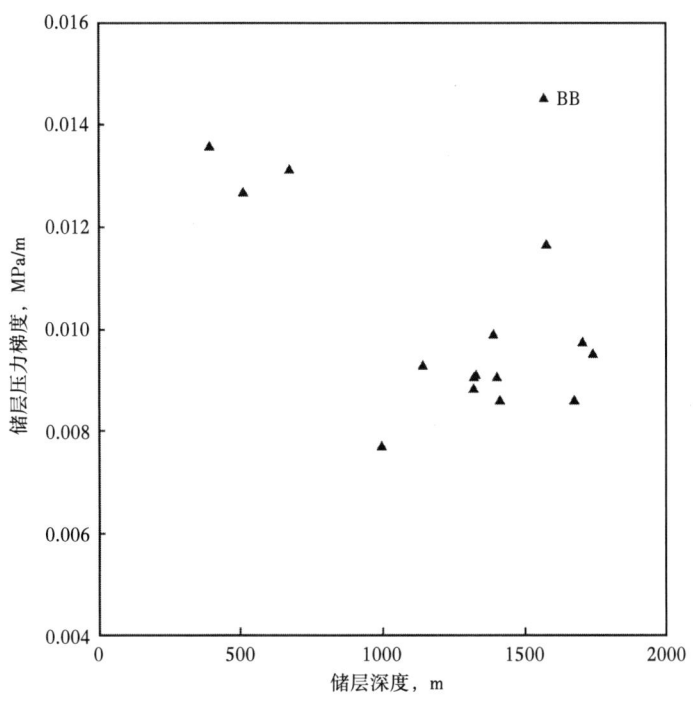

图 3.13 S工区储层压力分析

易于进入储层，造成近井范围内储层污染，滤失钻井液在岩石有效渗流通道内固结，造成渗透率大幅降低。并且对于压裂而言，由于储层压力低使得压裂液难以返排出地面，造成液体残渣及胶状物进一步堵塞有效通道，储层渗透率会进一步降低。

3.1.4 滤失机理分析

小型压裂测试方法不仅能获取储层参数（地应力、渗透率、储层压力），还能分析储层的滤失机理，该机理是基于储层存在小的人工裂缝而建立的研究理论[19-20]。通过分析储层的滤失机理可以使得压裂工程师定性了解裂缝在目的储层的延伸行为，判断裂缝形态以及储层滤失特点，有助于判断主压裂施工的可行性及风险。对小型压裂测试压降曲线进行 G 函数分析，能够得到对应的 G 函数曲线形态，每种形态有其对应的滤失特点及裂缝形态解释。图 3.14 中，(a) 常规滤失，表明停止注入压裂液后裂缝形态不再发生变化，液体在均质储层中滤失；(b) 基于压力滤失，表明压裂液进入天然裂缝内部并滤失；(c) 沿裂缝高度滤失；(d) 裂缝端部扩展，表明停止注入压裂液后在裂缝前端依然存在扩展。

圣豪尔赫盆地 E 区块、M 区块和 S 区块主要存在 3 种滤失类型，分别为常规滤失、基于压力滤失和沿缝高滤失。3 个区块的 159 个压裂层的滤失特性分析结果见表 3.4。

表 3.4 滤失类型分析表

工区	储层	沿缝高滤失	常规滤失	基于压力滤失
E	CS	61%（44）	30%（22）	9%（6）
E	MDC	64%（9）	28%（4）	8%（1）
M	CS	71%（32）	24%（11）	5%（2）
S	BB	46%（15）	28%（9）	25%（4）

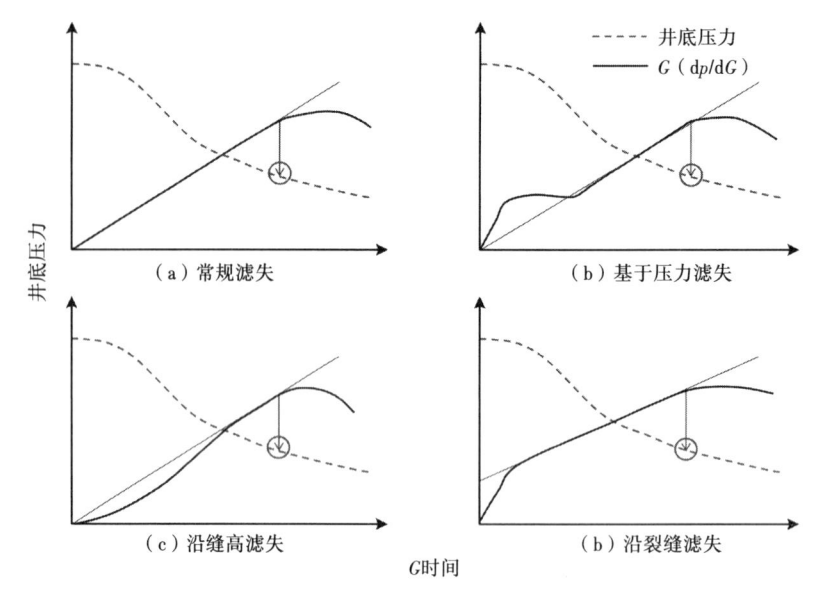

图 3.14 G 函数分析 4 种滤失模型

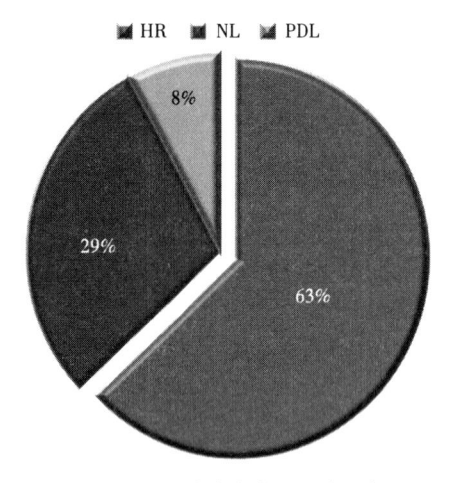

图 3.15 3 种滤失类型所占比例

由图 3.15 可知，沿着缝高滤失是 3 个工区中储层主要滤失类型，表明小型压裂测试产生的裂缝高度大于目的储层高度，裂缝高度易于延伸至上下隔层中，证明 SJ 盆地中大部分储层与隔层之间的应力差值很小。主压裂施工中，注入排量和注入压力等参数均高于小型压裂测试参数，产生的宏观主裂缝更容易延伸至隔层。如图 3.16 所示，S-1189 井第 4 个压裂层段小型压裂测试解释出来的 G 函数曲线，表明该段产生的裂缝高度超过储层厚度，延伸至上下隔层。

第二种滤失类型为常规滤失，该滤失机理表明小型压裂测试产生的裂缝仅在目的储层内，液体通过裂缝向储层内滤失，该滤失类型所占比例为 29%。还有一种情况为小型压裂测试产生的裂缝穿透上下隔层，目的层与隔层滤失速度相差很小，液体在隔层和储层中同时滤失。但以第一种情况居多，也即储层与隔层的应力差值较大，具有遮挡效应，小型压裂测试产生的裂缝不足以穿透隔层。主压裂施工时需要进一步控制施工参数，尽可能保证裂缝不穿层。图 3.17 为 S-1189 井第一个压裂层段小型压裂测试解释出来的 G 函数曲线，表明该段产生的裂缝向储层内延伸，没有进入上下隔层。

第三种滤失类型为基于压力滤失，表明近井筒附近存在一定数量的天然裂缝，需要在主压裂施工时特别注意，防止微裂缝干扰，导致近井筒附近的砂堵。图 3.18 为 S-1189 井第三个压裂层段小型压裂测试解释出来的 G 函数曲线，表明该压裂层段内存在多条裂缝同时参与压裂液滤失。

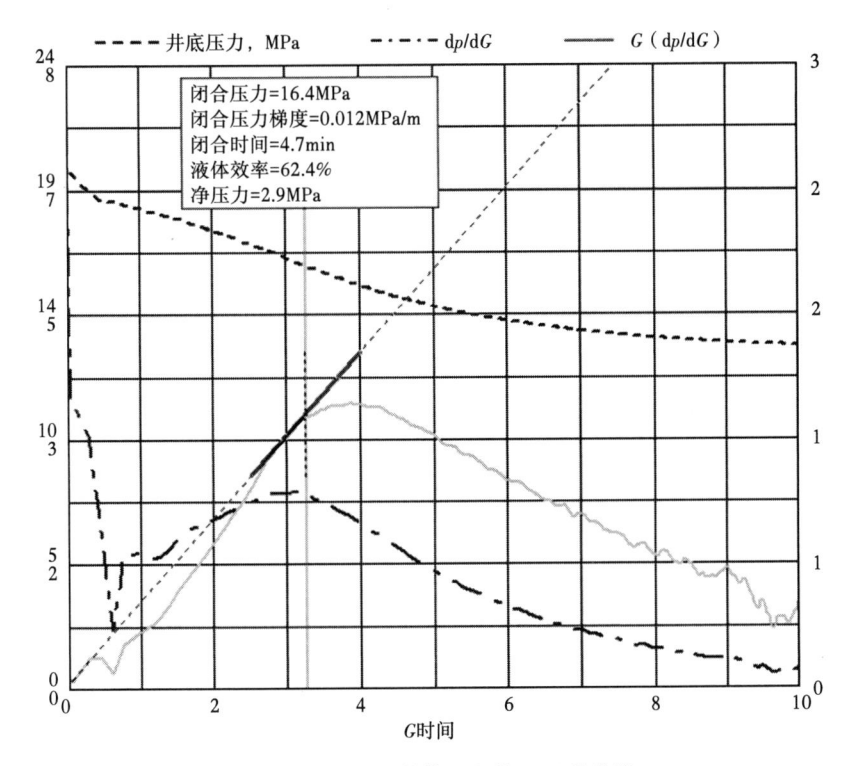

图 3.16　S-1189 井第 4 段的 G 函数曲线

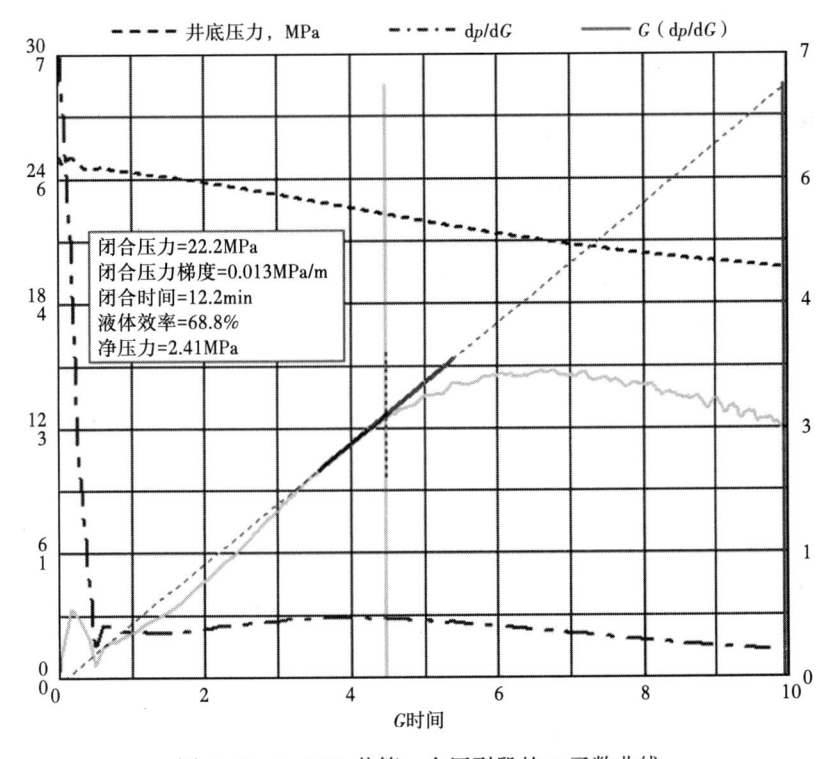

图 3.17　S-1189 井第一个压裂段的 G 函数曲线

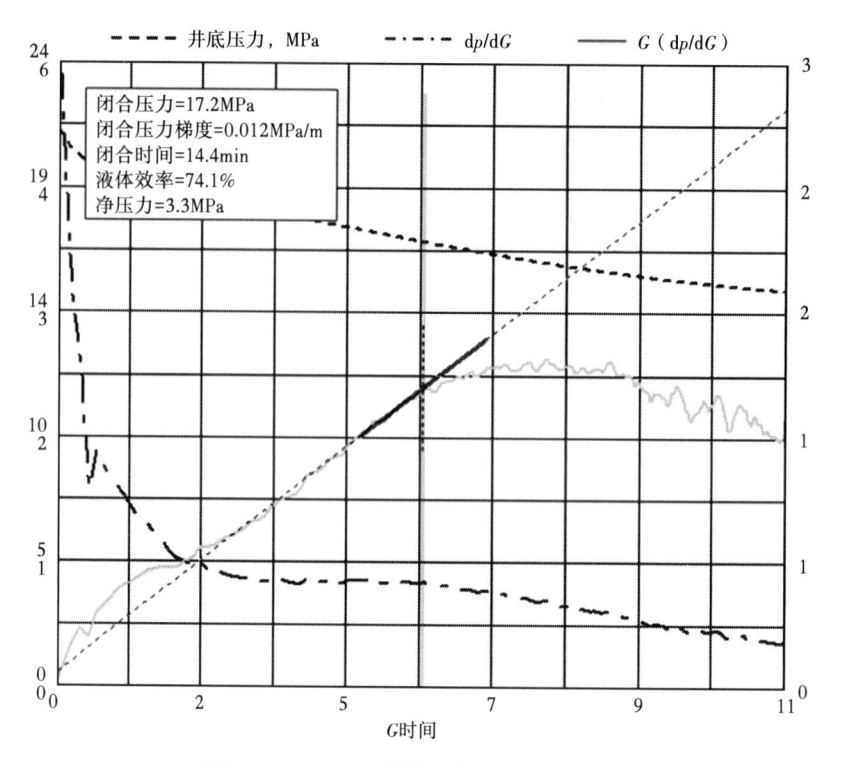

图 3.18　S-1188 井第二段的 G 函数曲线

3.1.5　小结

圣豪尔赫盆地大部分压裂层位为高含凝灰质薄层砂岩或凝灰岩，并具有储层压力低、渗透率低的特点。根据三个区块 60 口井 116 个压裂层位的分析结果，E 区块、M 区块和 S 区块大部分储层目前为低压状态，所占比例分别为 76%、76.3% 和 68.7%。通过现场调研发现，压裂层位为低压状态，压裂施工结束，地面压力便会快速落零，瓜尔胶压裂液体难以返排出地面，造成液体残渣堵塞渗流通道的概率非常大，影响压裂效果。利用压裂分析软件，对三个区块 140 个压裂层的渗透率进行了分析。结果表明有效渗透率数为 0.1~8mD 之间，属于低渗透或特低渗透储层。

3.2　压裂砂堵分析

3.2.1　压裂砂堵分析

水力压裂过程中会有很多因素导致支撑剂堵塞，如近井带复杂裂缝、多裂缝、射孔不完善、液体携砂性能差等，都会导致支撑剂在近井筒或裂缝远端提前沉降，堵塞裂缝有效通道，产生砂堵[21-23]。其主要原因为裂缝宽度不够，使得携砂液体难以有效通过，造成支撑剂滞留。换言之，裂缝宽度需要与携砂液体的支撑剂浓度相匹配[24-27]。由表 3.5 可知，3 个区块压裂砂堵过程中，大粒径支撑剂（16/30 目、12/20 目）所占比例较高，为 57%，支撑剂粒径越大，越难以进入地层，易于形成砂堵造成井筒沉砂。大粒径支撑剂是造成压裂施工砂堵的首要因素,如图 3.19 所示。

表 3.5　3 个区块砂堵事件分析

工区	地层	砂堵次数,次	平均砂堵率,%	20/40,目	16/30,目	12/20,目
E	MDC	10	27.7	5	5	0
E	CS	21	27.7	13	8	0
M	MDC	3	34.7	0	3	0
M	CS	14	34.7	8	6	0
S	BB	7	16.7	0	1	6
合计		55	27.5	26	23	6

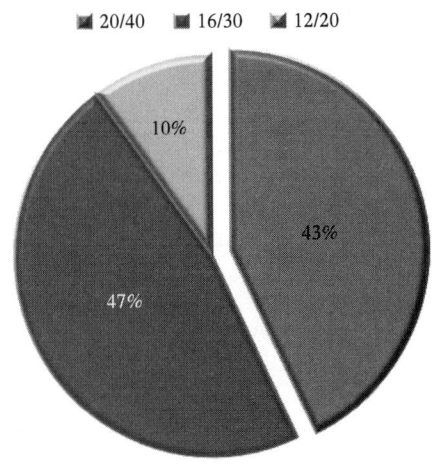

图 3.19　不同支撑剂尺寸砂堵分析

3.2.2　E 区块压裂砂堵分析

对 E 区块的 112 个压裂层位进行了施工分析,其中有 31 个层位发生压裂砂堵,砂堵率为 27.7%。其中 CS 储层的砂堵率为 25%,MDC 储层的砂堵率为 40%,两个储层的砂堵率均较高。图 3.20 和图 3.21 分别揭示了 E-3190 井施工前期和 E-3261 井施工后期砂堵。

图 3.22 是对砂堵施工的砂浓度和液体效率及储层滤失机理的综合分析图。该图揭示,有 26 个层位在主压裂施工阶段发生砂堵,其小型压裂测试得到储层的液体效率通常高于 50%。由于液体效率与储层渗透率呈负相关性,液体效率越高,说明储层渗透率越低。主裂缝宽度势必受到岩石塑性较强的影响而变窄,因此高浓度携砂液难以通过裂缝。表明多数砂堵发生在携砂液浓度为 4~5kg/m³ 时,6kg/m³ 浓度可以视为极限值,超过或等于该数值,压裂砂堵概率会急剧增加,因此建议压裂施工过程中应严格控制携砂液浓度,以降低砂堵概率。

通过滤失类型分析,具有延缝高滤失类型的储层,在液体效率高于 50% 时更易于发生压裂砂堵。对于常规滤失类型,液体效率为 12%~88% 时均发生砂堵,难以通过此滤失类型来评估主压裂施工的砂堵风险。砂堵事件的发生会增加施工成本并降低压后增产效果,需要针对滤失类型进行针对性压裂设计。

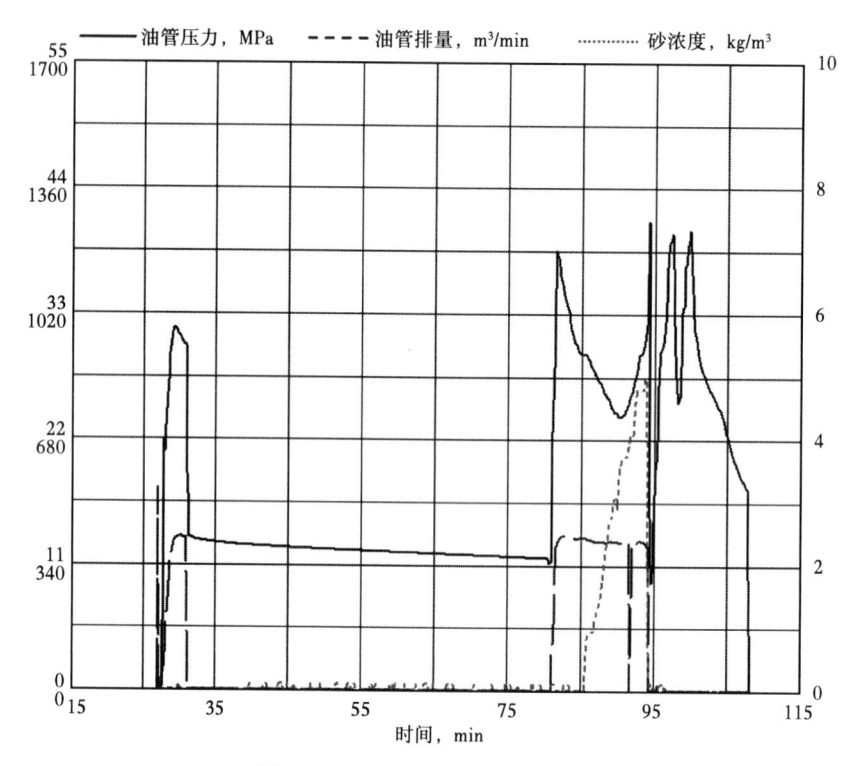

图 3.20　E-3190 井施工前期砂堵

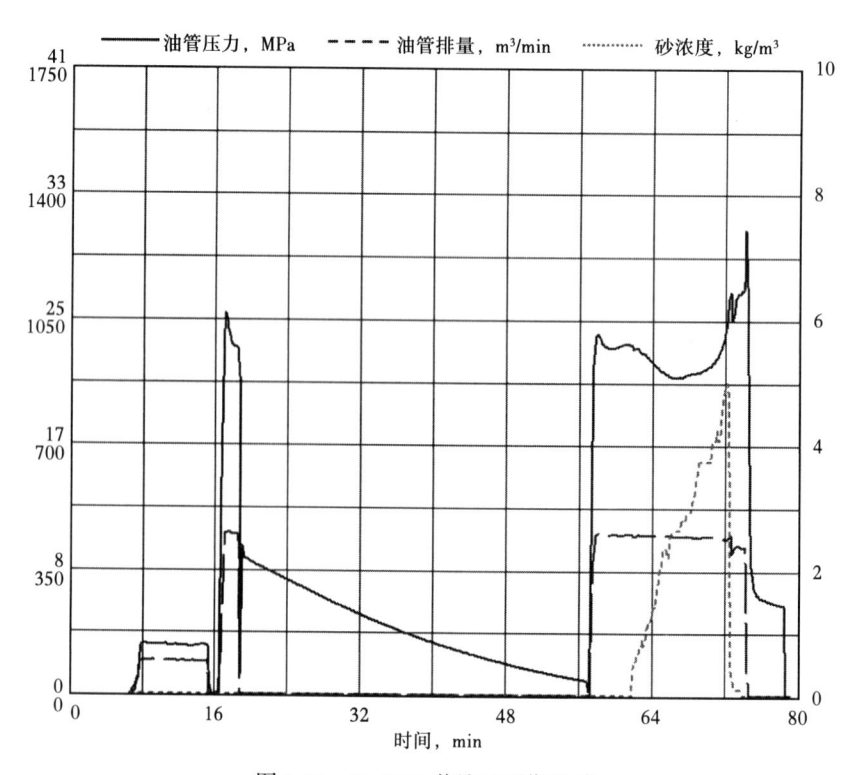

图 3.21　E-3261 井施工后期砂堵

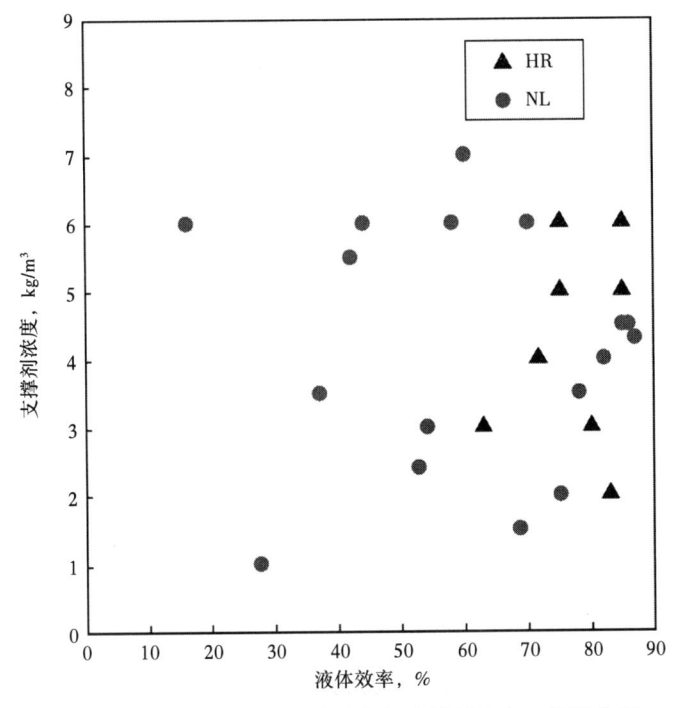

图 3.22 E 区块砂堵井液体效率与支撑剂浓度相关性分析

3.2.3 M 区块压裂砂堵分析

在分析 M 区块 46 个压裂施工中,发生砂堵 16 次,砂堵率为 34.7%。图 3.23 和图 3.24 分别为 M-3178 井压裂后期和 M-5021 井压裂前期砂堵示例。图 3.25 揭示大多砂堵

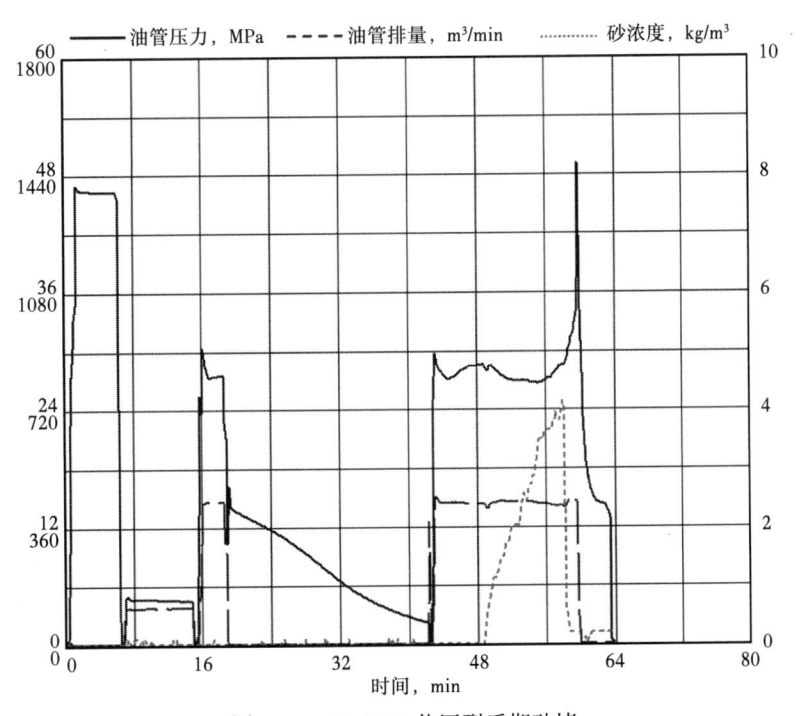

图 3.23 M-3178 井压裂后期砂堵

65

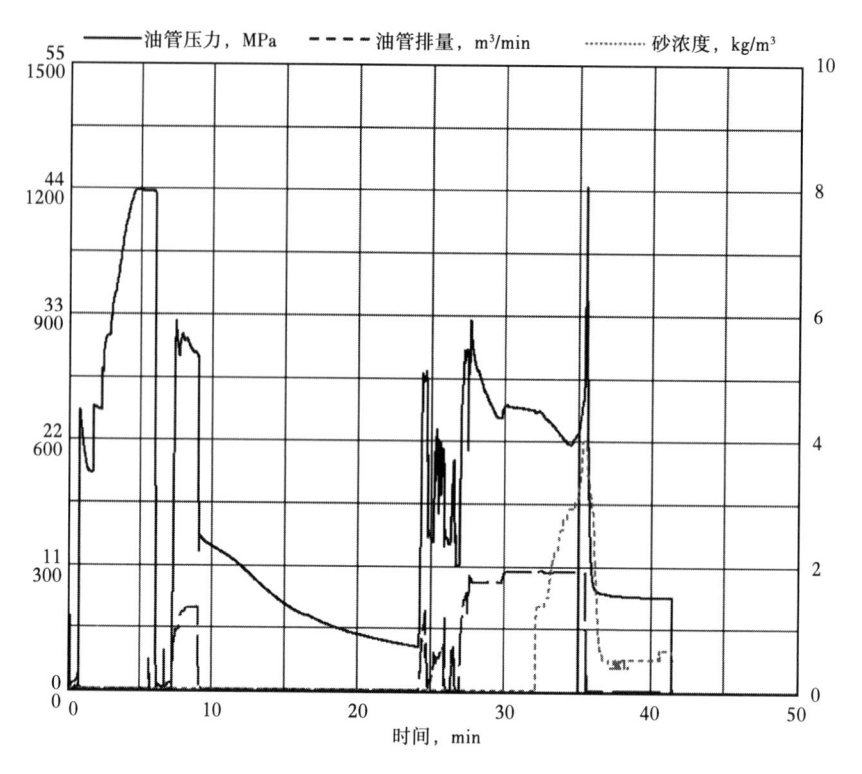

图 3.24 M-5021 井压裂初期砂堵

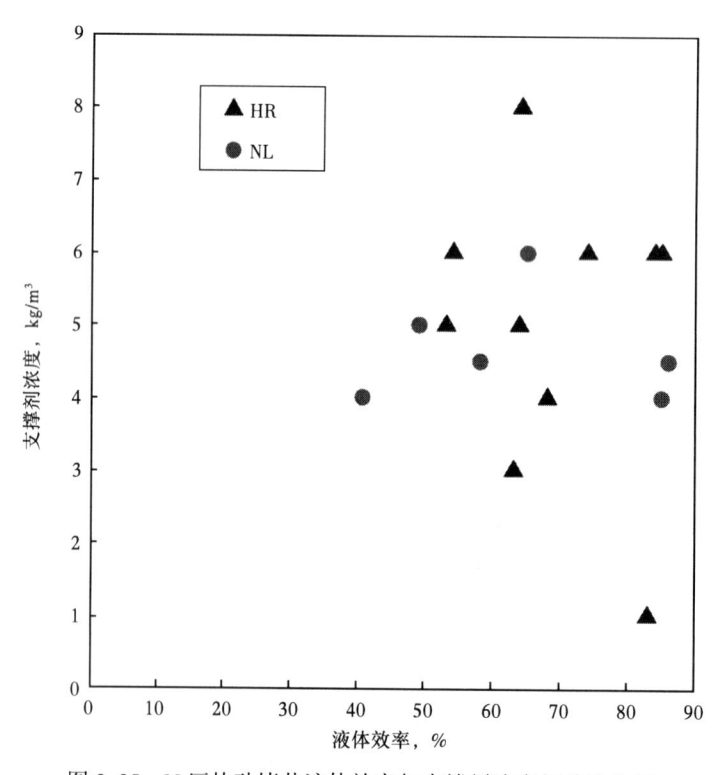

图 3.25 M 区块砂堵井液体效率与支撑剂浓度相关性分析

事件发生在储层液体效率高于50%的情况下。携砂液浓度为3~6kg/m³时，由于裂缝宽度有限，支撑剂难以进入裂缝，表明携砂液浓度过高，与裂缝宽度不匹配。对于低砂浓度1kg/m³发生砂堵，该类砂堵主要为近井裂缝通道复杂，形成主裂缝宽度受限所致。

3.2.4 S区块压裂砂堵分析

对S区块压裂施工的分析结果表明，在42次压裂施工中有7个层位发生砂堵，砂堵率为16.7%。图3.26和图3.27为多段射孔造成砂堵示例。由表3.6可知在S区块一个压裂层段存在多段射孔，这种储层易发生砂堵，同时支撑剂浓度过高也是发生砂堵的主要原因。同时所采用支撑剂直径过大，大多为12/20目陶粒，该类型为压裂支撑剂最大尺寸。

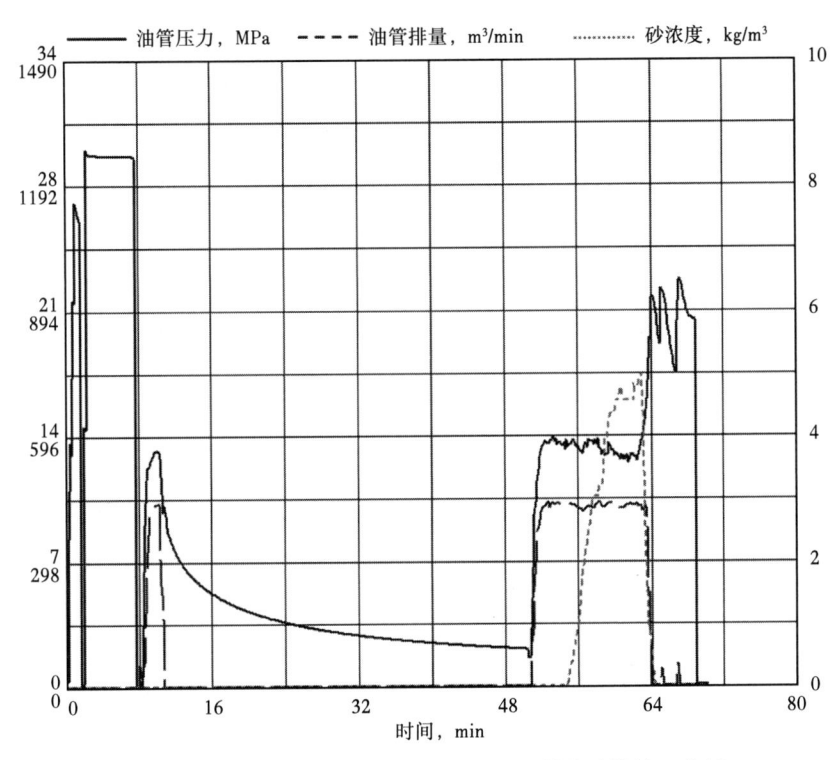

图3.26 S-1157井一个压裂段有2个段射孔砂堵施工分析

表3.6 S区块压裂砂堵井原因分析

序号	射孔段数	支撑剂浓度，kg/m³	支撑剂直径，目
1	3	8.2	16/30
2	2	9.6	12/20
3	1	0.16	12/20
4	1	3.5	12/20
5	2	3.5	12/20
6	2	5	12/20

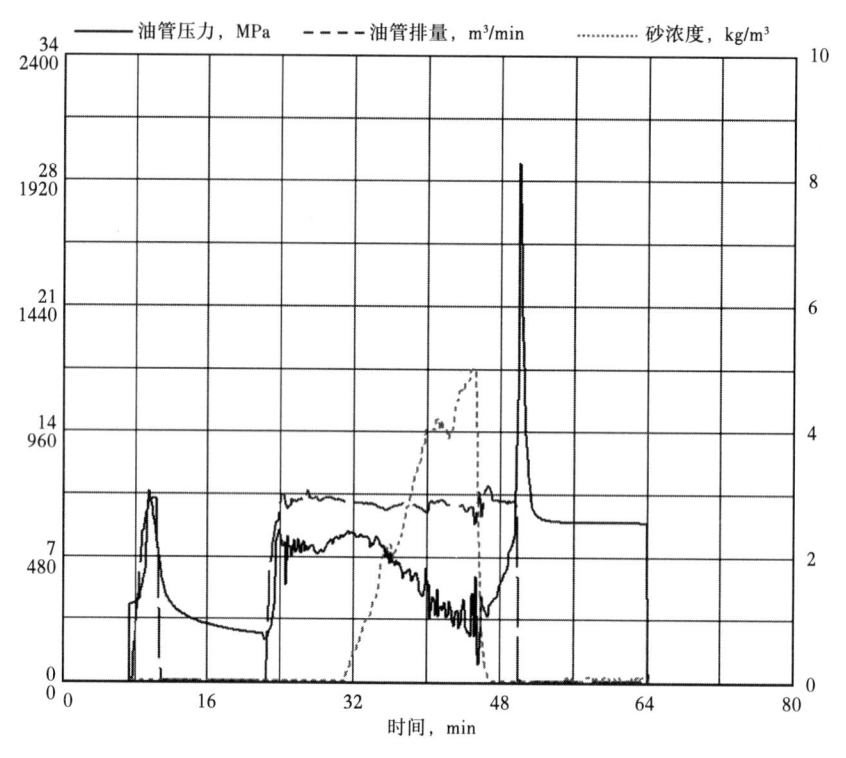

图 3.27 S-1186 第 5 压裂段中 3 段射孔砂堵施工分析

3.2.5 小结

压裂施工分析显示，E 区块、M 区块和 S 区块压裂施工砂堵率分别为 27.7%、34.7% 和 16.7%，平均砂堵率为 27.5%，砂堵率过高。通过分析，目前采用的高浓度支撑剂和大粒径支撑剂是圣豪尔赫盆地发生砂堵的主要原因。大部分砂堵发生在加砂浓度为 4~5kg/m³ 阶段，而所用支撑剂粒径主要为 16/30 目和 12/20 目。建议推荐采用 20/40 目陶粒作为主要支撑剂，可以避免直径过大导致的施工砂堵。

3.3 压后效果评估及再认识

3.3.1 压裂效果评价

通过计算 2011 年以来圣豪尔赫盆地 228 口压裂井的 200d 产油量及产气量的平均值，获得单井平均油当量，并绘制单井压裂层数与该产量的散点图。由图 3.28 可以得到如下结论：压裂段数与平均日产量没有正相关性；多数井产量在 5~20m³/d；产量高于 20m³/d 的井所占比例不高。

压裂段数多少与平均日产量没有很好的正相关性，日产 10m³ 的井中有压裂 4 段的、压裂 1 段的，甚至有压裂 5 段的，说明并非压裂段数越多，产量越高，这也证明压裂井产量的高低主要依赖于选井选层，若该井所处油藏位置不好，即便压裂多层，其最终产量也未必好。对于所处油藏位置好的井，对主力层位压裂 1 段，该井产量有可能会非常好，因此今后圣豪尔赫盆地的压裂工作主要以选井选层为原则。该原则的建立可为优化压裂、降低完井成本打下坚实基础。

由图 3.28 可以看出大部分井的产量为 5~20m³/d，所占比例达到 60%，说明圣豪尔赫盆地中绝大多数井压裂后的产量均较低，其原因与地层因素及压裂优化选择有关，对压后效果不好的井开展分析工作，了解储层特点，后续井可以通过完井优化，确定是否采用压裂施工。

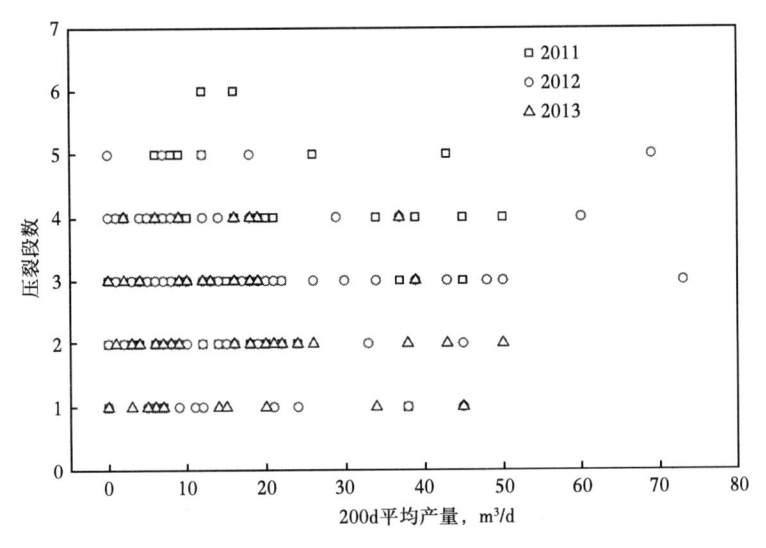

图 3.28　IP200d 单井油当量与压裂段数关系

由图 3.28 可知，产量高于 20m³/d 的井所占的比例仅为 24%，说明圣豪尔赫盆地中存在产量较好的井，最高产量达到 75m³/d。较高产量井的压裂段数均大于 1 层，说明对于增产潜力好的井，需要通过压裂多个层段，提高整体渗流能力来达到高产。

圣豪尔赫盆地内开发井以直井和定向井为主，完井采用多个射孔段+多个压裂层段。分析 2011—2013 年 301 口井的压裂段数，得到如图 3.29 所示结果。单口井压裂总段数逐年递减。2011 年统计的 100 口压裂井中，单井以压裂 3 段为主，所占比例达到 32%，其次压裂 4 段和 2 段所占比例均为 23%，均为 23 口井。单井压裂 5 段的井数达到 13 口，所占比例为 13%。2012 年统计的 101 口压裂井中，单井以压裂 3 段为主，其次为 2 段，压裂 4 段和 5 段的井数相比 2011 年有所减少，压裂 1 段的井数有所增加，由 2011 年的 9% 增加至 20%。由此可见，2012 年已经开始缩减单井压裂段数。2013 年统计的 100 口井中，单井压裂 5 段的井已经没有，压裂 4 段的有 11 口井，所占比例为 11%，主要以压裂 2 段为主，所占比例达到 44%，同时压裂 1 段的井数所占比例相比 2012 年进一步增加，为 21%，压裂 3 段进一步缩减，由 2012 年的 34% 缩减为 24%（表 3.7）。

表 3.7　单井压裂层段井数统计表　　　　　　　　　　　　　　　单位：口

年份	1 段	2 段	3 段	4 段	5 段
2011	9	23	32	23	13
2012	20	26	34	17	4
2013	21	44	24	11	

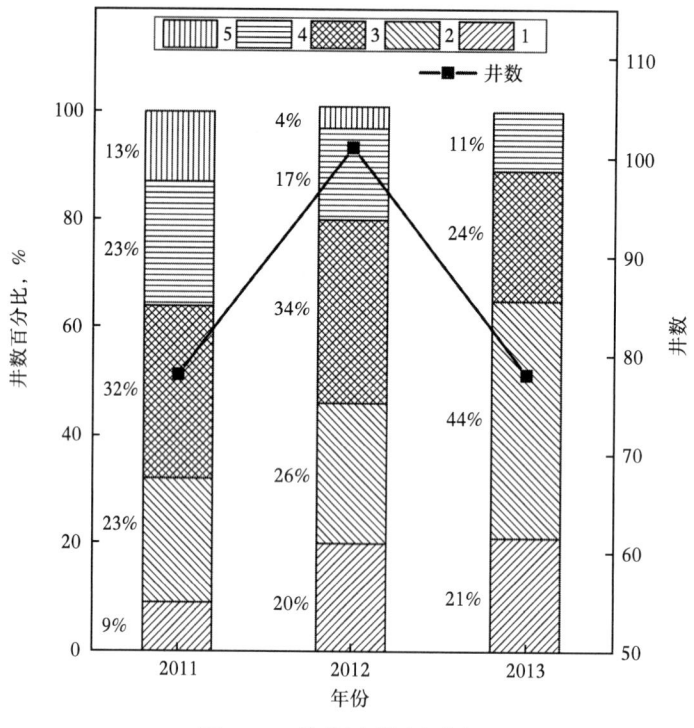

图 3.29 单井压裂层段分析

对 200d 产量进行统计分析得到如图 3.30 所示结果,可以看出 2011 年压裂井压后产量以小于 10m³/d 为主,该比例达到 48%,其次产量为 10~20m³/d 的占 30%,产量为

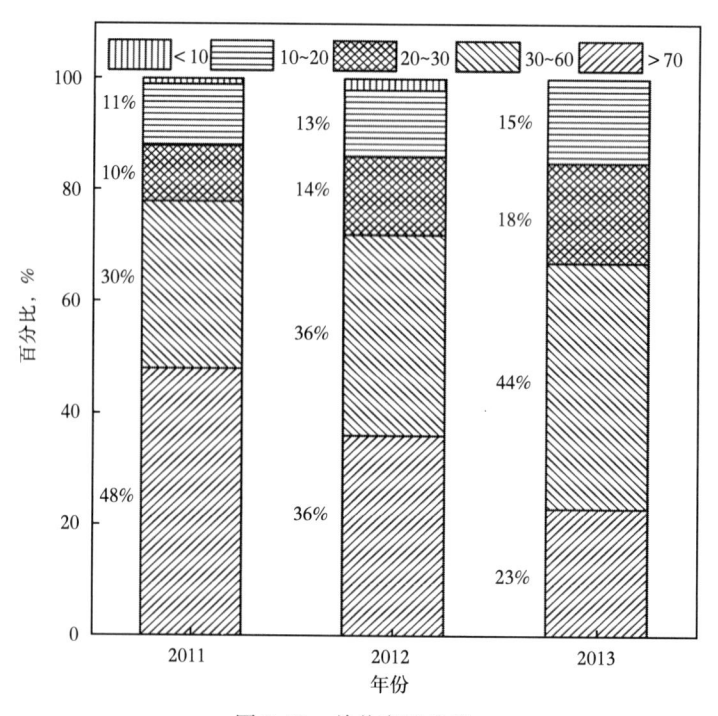

图 3.30 单井产量分析

20~30m³/d的占10%；2012年压裂井压后产量整体有所提升，产量小于10m³/d的井减少为36%，产量为10~20m³/d的井数有所增加，所占比例达到36%，产量为20~30m³/d及30~60m³/d的井数均有所增加；在2013年，产量小于10m³/d的井进一步减少，所占比例为23%，而产量为10~20m³/d的井数进一步增加，所占比例达到44%，同时产量为20~30m³/d及30~60m³/d井数均有所增加，占比分别为18%和15%。表3.8为单井产量具体数据。

由此可知，随着时间的推移，压裂井单井产量具有增加的趋势。

表3.8 单井产量井数统计表　　　　　　　　　　　　　单位：口

年份	井数，口	<10m³/d	10~20m³/d	20~30 m³/d	30~60 m³/d	>70t m³/d
2011	71	34	21	7	8	1
2012	96	35	35	13	12	2
2013	61	14	27	11	9	

由以上分析可以得出，随着年份增加，单井的压裂段数在逐年减少，而日产量却在逐年提高，这说明对地层的认识逐步加深；压裂参数得到优化；压裂选层更准。

通过对总体产量数据的分析，可以得到宏观趋势及认识，但对于单井压后效果的详细分析需要结合各井生产曲线，来进一步对比圣豪尔赫盆地不同区块不同完井方法的效果。通过该对比来论证压裂工艺措施在圣豪尔赫盆地的应用效果及日后需要进一步改进的方法和措施。

3.3.2 生产曲线分析

3.3.2.1 射孔生产曲线分析

（1）初期高产，下降迅速。

在只射孔完井的井中，有15口井的初期产量很高，最高产量接近100m³/d。该类井初期高产，但是具有快速下降的趋势，产量在5个月以内便下降至10 m³/d左右，进入稳产后，该类井的产量小于10m³/d（图3.31）。

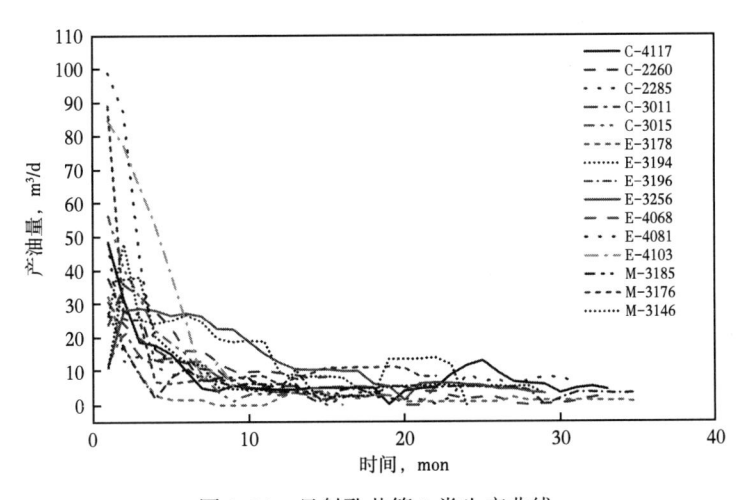

图3.31 只射孔井第1类生产曲线

（2）初期低产，下降迅速。

只射孔完井的井中，有5口井的初期产量较低，之后低于25m³/d，产量开始迅速递减，在生产后的5~8个月内，产量便迅速递减至10m³/d左右，进入稳产阶段（图3.32）。该类井与第一类井基本相同，只是初产较低。

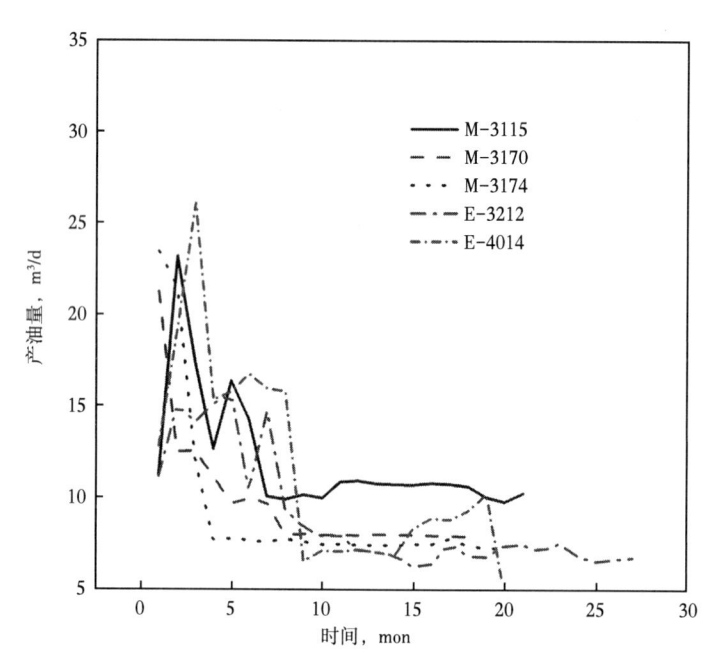

图3.32 只射孔井第1类生产曲线（初期低产）

（3）初期低产，下降较为缓慢。

在只射孔完井的井中有9口井的初期产量与后期产量基本保持一致，产量稳定，但均低于10m³/d，主要分布在CS区块。仅依靠地层能量进行开采，该类井日产量低，收回投资周期很长（图3.33）。

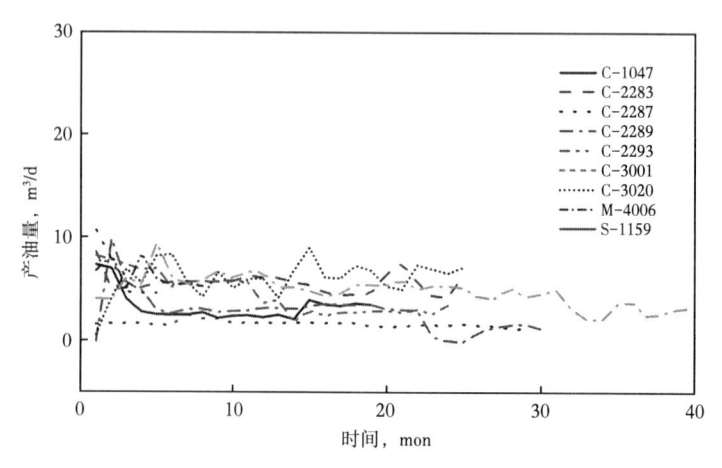

图3.33 只射孔井第2类生产曲线

（4）产量迅速衰减。

在只射孔完井的井中，有8口井投产后，日产量很低，迅速下降为0m³（图3.34）。

该类井难以收回投资，以 CS 区块、CW 区块的井为主，依靠地层能量难以维持有效开采。

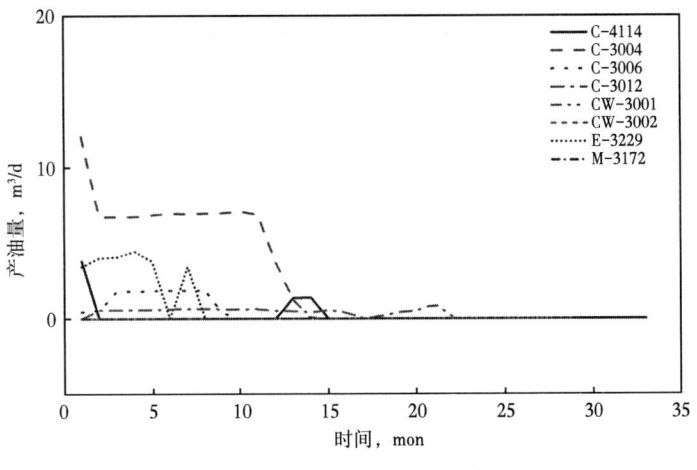

图 3.34 只射孔井第 3 类井生产曲线

3.3.2.2 后期压裂无效果井生产曲线分析

在生产井中存在多口初期为射孔投产，开采一段时间后，又采用压裂措施进行增产改造的井，但是这些井压后效果一般，部分井存在压前压后液量及气量均没有变化的情况，还有部分井压裂后，产水量大幅增加，产油及产气没有变化，这种井的压后效果表明选井及选层的目的性不强，对压裂层认识不够清楚，存在压裂层位为高含水层，例如 E-3257 井，生产 10 个月后，对射孔层位实施压裂增产改造，压后日产水量从 5m³ 增加至 48m³（图 3.35）。S-1148 井生产 26 个月后，实施压裂增产，产液量无法得到提高（图 3.36）。

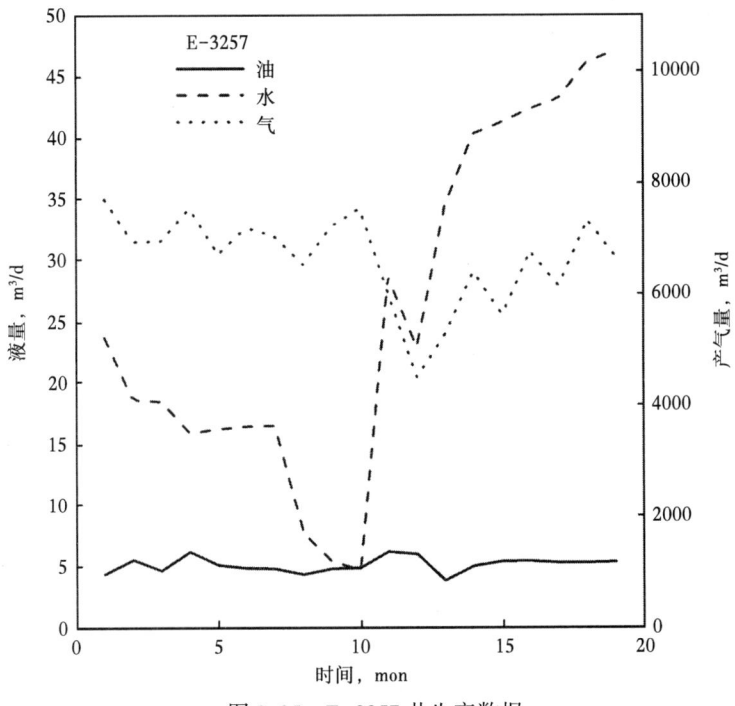

图 3.35 E-3257 井生产数据

E区块压裂井占多数,需要对该区块的储层进行深入认识,找出具有进一步开发潜力的井和层位,进行有针对性的压裂改造施工,确保压后产油量或产气量得到提高,并且降低产水量,达到开采目的。

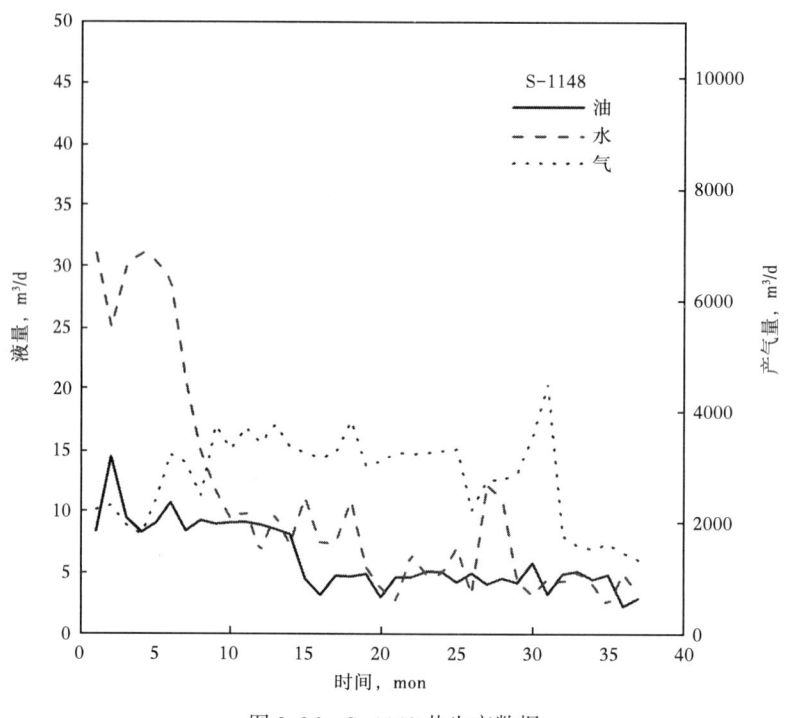

图 3.36 S-1148 井生产数据

3.3.2.3 压裂投产井生产曲线分析

图 3.37 是 2011—2013 年压裂井的产油量及产气量的累计,并依据产量计算单井收

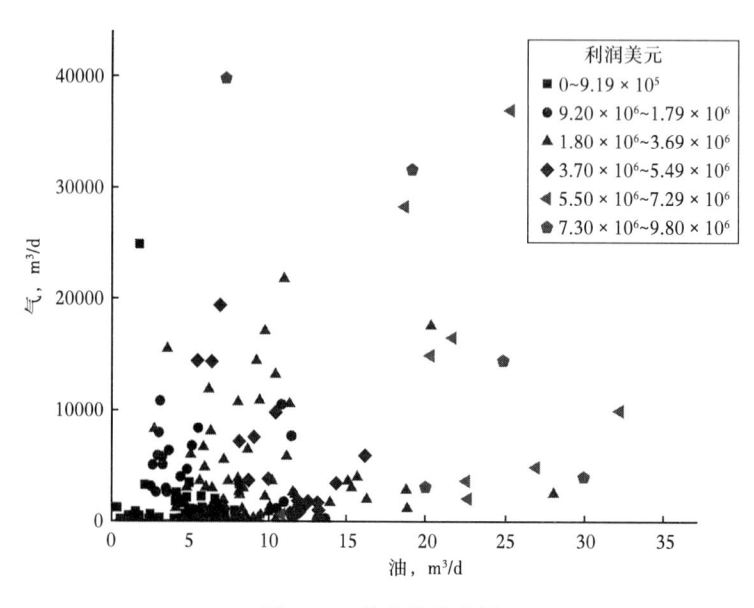

图 3.37 单井收益分析

入。根据阿根廷原油收益计算公式，原油价格每桶为 70 美元，天然气价格为 3.69 美元/m³，最终得到单井收益数据如图所示。最高收益井达到 980 万美元，有的井以高产天然气为主收回投资，有的井是以原油为主收回投资。按照收益大小进行排序，选择收益高的井为研究对象，分析生产曲线，可以得到高产井生产曲线。

（1）生产效果最好井。

在收益排序中，前 9 口井的生产曲线如图 3.38 所示，可以发现高产井的压裂增产时间在 5~10 个月，且在该阶段油当量为 40~80m³/d，然后进入递减阶段，递减后进入稳产阶段，产量为 10~20m³/d，并且稳产时间持续性强，多达 30 多个月。由此可见生产效果最好井生产曲线特点为压裂增产及稳产时间长，产量高。可见压裂增产措施对圣豪尔赫的盆地有效开采的重要性。

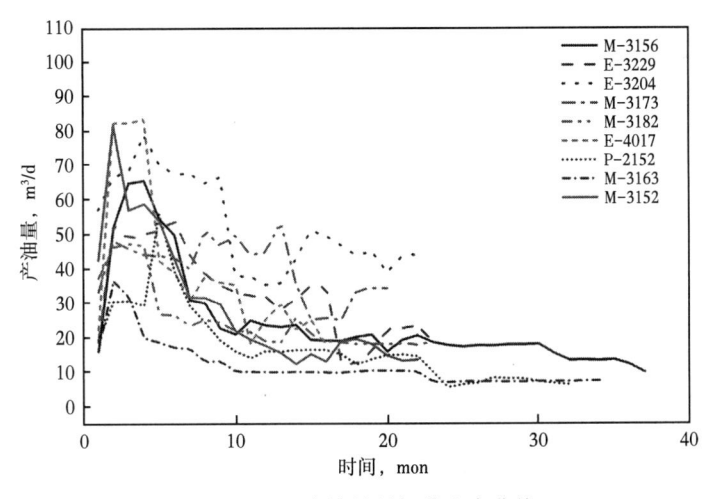

图 3.38 生产效果最好井生产曲线

（2）压裂效果较好井。

压裂效果较好井有 10 口，其生产曲线如图 3.39 所示。压裂效果较好井的压裂增产周

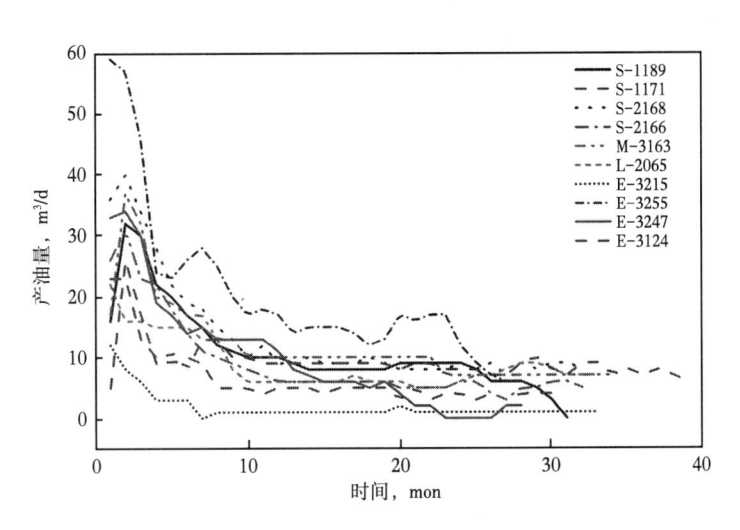

图 3.39 压裂效果较好井生产曲线

期为2~5个月,在该阶段产量为20~40m³/d,然后进入递减阶段,递减时间持续5个月左右,进入稳产阶段,在该阶段产量在10m³/d左右,并且稳产时间持续性强,可以超过30个月。由此可知压裂效果生产较好井生产曲线的特点为压裂增产及稳产时间较长,产量较高。可见压裂增产措施对圣豪尔赫盆地有效开采的重要性。

3.3.3 压后评价典型井分析

3.3.3.1 M-5024井

M-5024井位于构造高部位,预测有效储层厚度23m,真实储层有效厚度为6m,垂深2754m,钻井工程中没有钻井液漏失(图3.40)。

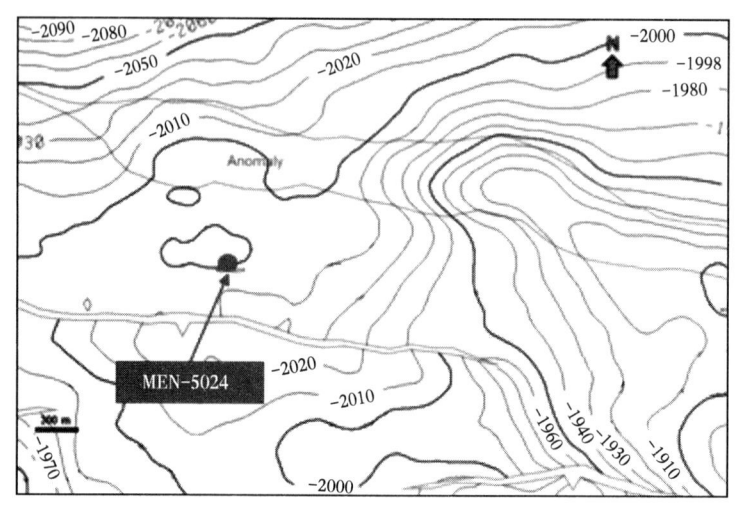

图3.40 M-5024井构造图

该井实施2段压裂和1段射孔方式完井,并对压裂段配合压后测试作业,检验压裂效果见表3.9。

表3.9 抽吸测试数据

序号	措施	层段,m	抽吸测试结果
1	射孔	1931~1933.5	初期产液量:3000L/h;成分:油、水和天然气;含水率:6%;液体密度:0.91g/cm³;pH=7
2	压裂	2596~2601	初期产液量:205L/h;成分:油、水、天然气;含水率:39%;液体密度:0.92g/cm³;pH=7
3	压裂	2646~2649	

两段压裂施工结束,压后测试液量仅有205L/h,压裂效果不佳。通过小型压裂测试施工曲线进行压后拟合分析(图3.41、图3.42),压裂段的渗透率分别为0.4mD和4mD,且由测井解释可以看出,压裂目的层段凝灰质含量很高(图3.43)。

1931~1933m段储层采用射孔完井方式,抽吸测试产液量为3000L/h。由该段的测井解释可知,射孔目的层段属性为凝灰质含量很低的砂岩(图3.44),该层段渗透率高,产液量大。

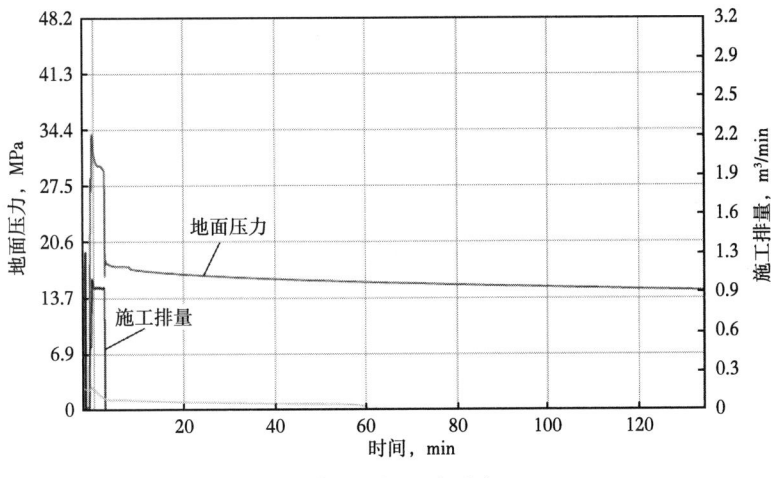

图 3.41 第一段解释渗透率 0.4mD

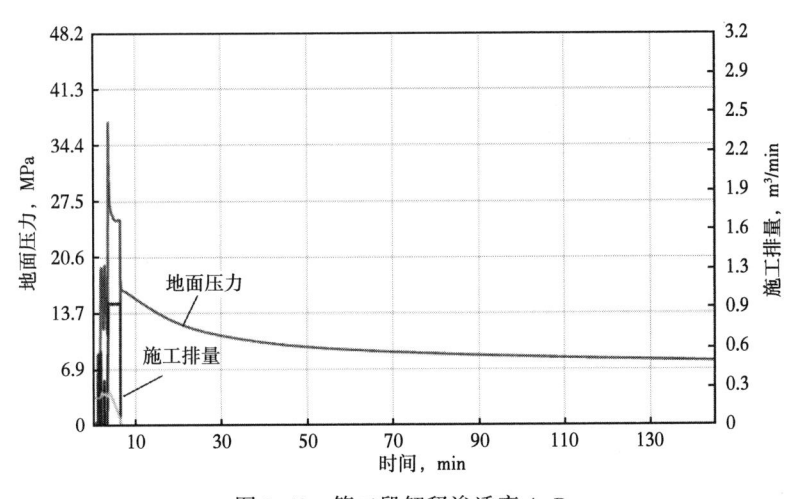

图 3.42 第二段解释渗透率 4mD

由于 M-5024 井没有其他射孔层段,因此该井的日产油量（20m³）主要由 1931~1933m 射孔段贡献,下面的两个压裂层段几乎没有贡献（图 3.45）。由此可知 M-5024 井压裂的两个层段没有很好的增产潜力,压裂增产改造后,供液量小,而仅射孔非压裂层段的渗透率高,具备高产条件。

3.3.3.2 E-4115 井

E-4115 井预测有效储层厚度为 28.5m,真实储层有效厚度为 7.1m,垂深 2754m,钻井工程中没有钻井液漏失。该井构造图如图 3.46 所示。

对 2643.5~2647m、2417~2420m、2357.5~2363m 段储层实施抽吸测试,结果表明第 2643.5~2647m 为干层,2417~2420m 段产液量为 50L/h,成分为石油和天然气。2357.5~2363m 段射孔后抽吸测试液量为 2200 L/h,然后采用压裂改造进一步增加储层有效渗透率,压后抽吸测试表明产液量达到 13000L/h,然后迅速递减至 6500L/h,而且含水率从 15% 上升至 100%（表 3.10）。

77

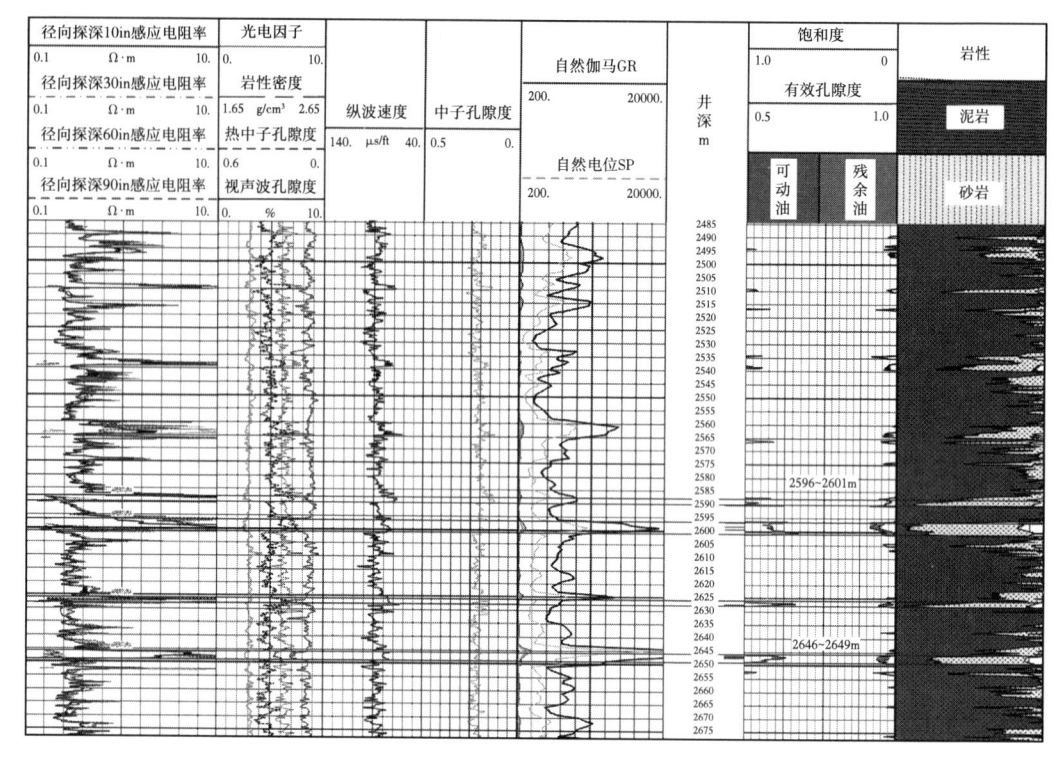

图 3.43　测井解释曲线

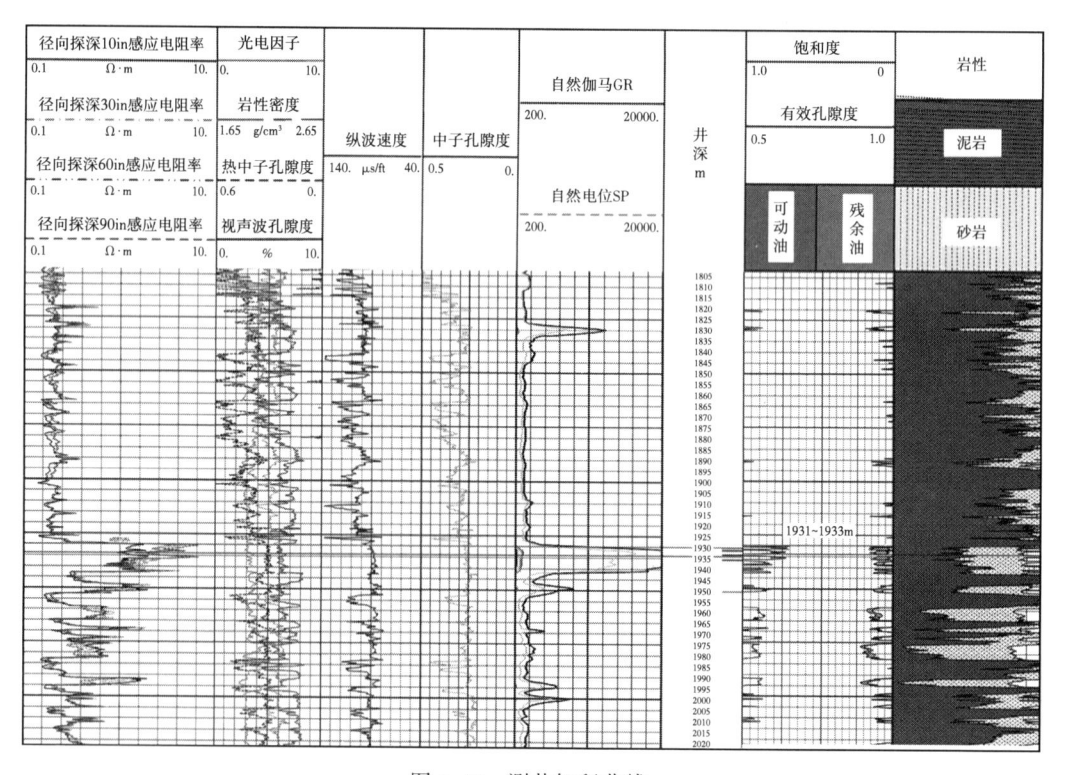

图 3.44　测井解释曲线

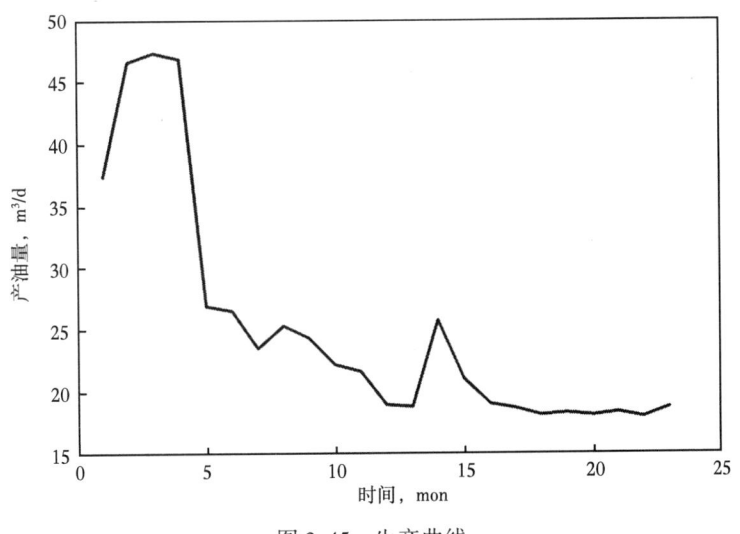

图 3.45 生产曲线

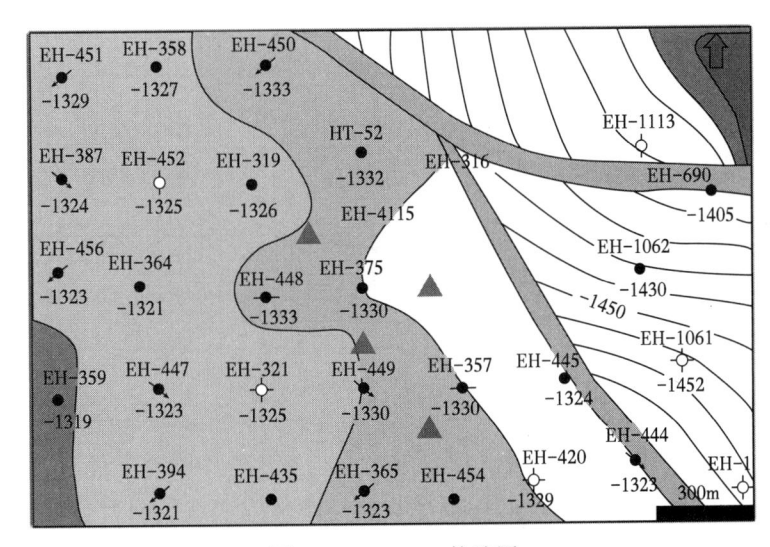

图 3.46 E-4115 构造图

表 3.10 抽吸测试数据

序号	措施	层段，m	抽吸测试结果
1	压裂	2357.5~2363	初期产液量：13000L/h；成分：油迹和水；含水率：100%；液体密度：1g/cm³；pH=7
2	射孔	2417~2420	初期产液量：50L/h；成分：石油和天然气；含水率：10%；液体密度：0.8g/cm³；pH=7
3	射孔	2643.5~2647	干层

测井解释成果表明，2357.5~2363m 段凝灰质含量高，凝灰质对砂岩孔隙充填降低了储层渗透率和孔隙度，储层含油饱和度低。其上部层位 2322~2337m 段为含水层系，存在水力压裂裂缝向上延伸沟通水层的可能，缝高没有得到很好控制，导致压后测试含水率快

速上升至100%（图3.47）。

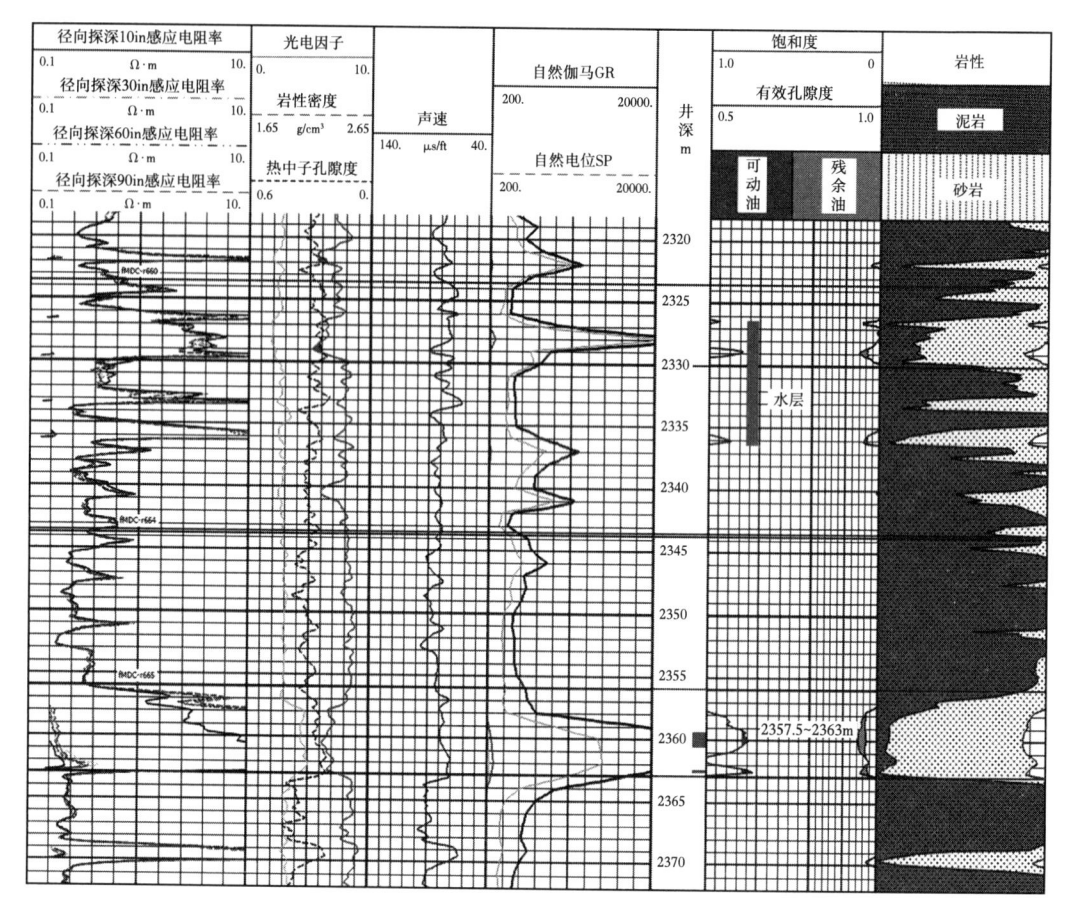

图3.47 E-4115井测井曲线

E-4115井压后投产，初期产油量为30m³/d，由于该井中没有其他射孔层段，因此可知，该井产量主要由2357.5~2363m段贡献，该层压裂施工意义不大，对增液作用很小，需要针对测试液量大小决定是否压裂。

3.3.3.3 E-3262井

E-3262井完井设计采用两段压裂加多段射孔方案。对该井2169~2173m和2409~2415m层段实施压裂改造。

2409~2415m储层段测井解释表明该层段高含凝灰质砂岩（图3.48），且通过小型压裂测试施工表明该段的渗透率非常低，仅为0.1mD，图3.49为该层小型压裂测试施工数据，停泵后压力为12.6MPa，该压力持续8分钟后依然未产生变化，压后测试表明该层段产液量不高，为400L/h。

2169~2173m储层段的测井解释表明该层凝灰质含量低，且在该层段下部存在多个薄的含油砂体（图3.50），通过压裂施工，裂缝向下扩展，起到了沟通下部储层的作用，在很大程度上增加了压裂效果，但是压裂施工后产油量没变，增加的只是产水量。

该井压裂两个层段后，进行15段的射孔作业，初产较好，达到25m³/d，稳产周期2个月，之后产量迅速递减至10m³/d以下，主要依靠地层能量衰竭式开采。生产时间接近

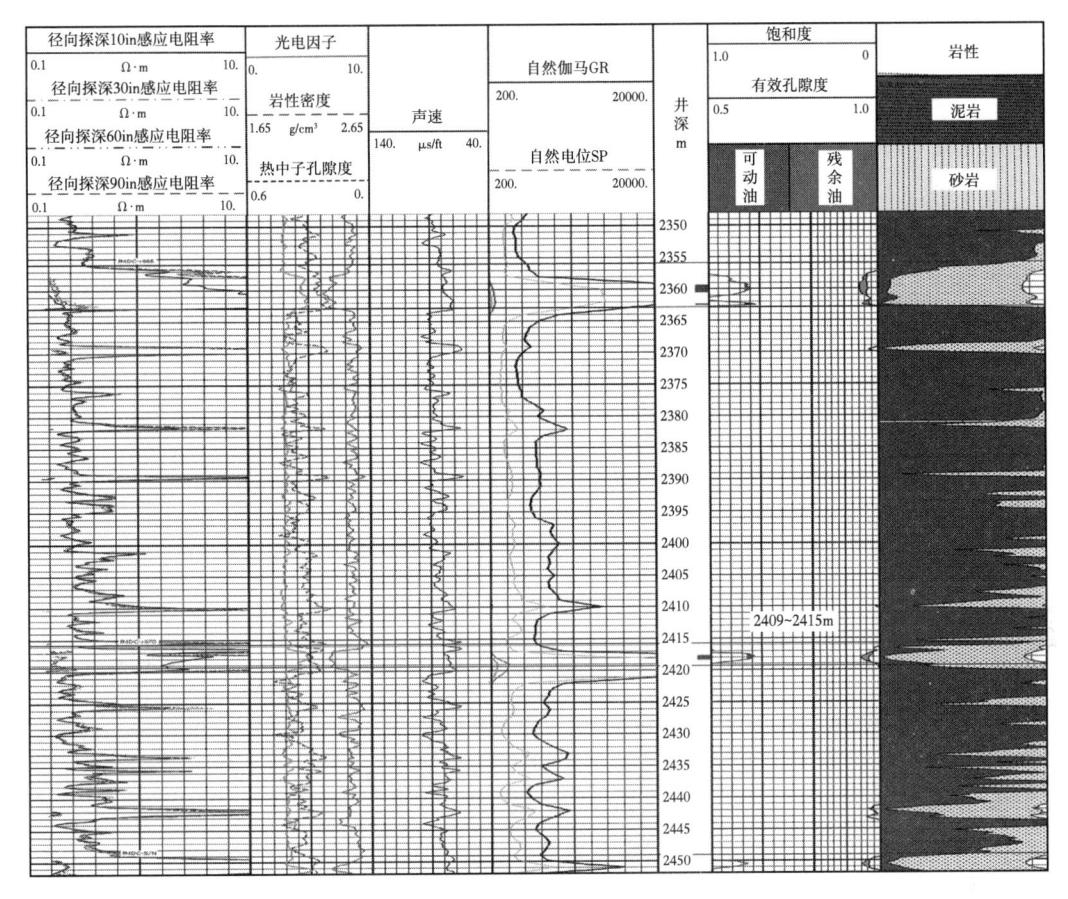

图 3.48 E-3262 井测井解释

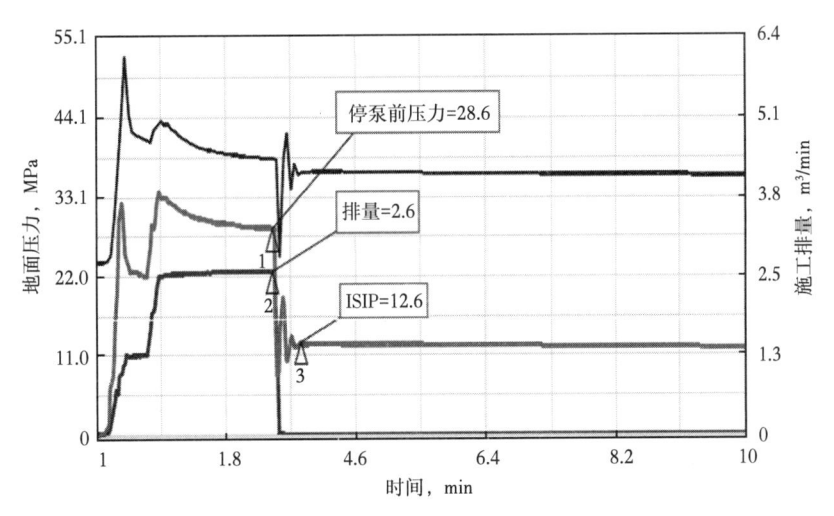

图 3.49 E-3262 井 2409~2415m 段小型压裂测试曲线

15 个月时，产量逐渐降低到 5m³/d 以下，说明地层能量已经不足，需要采取二次采油相关措施（图 3.51）。

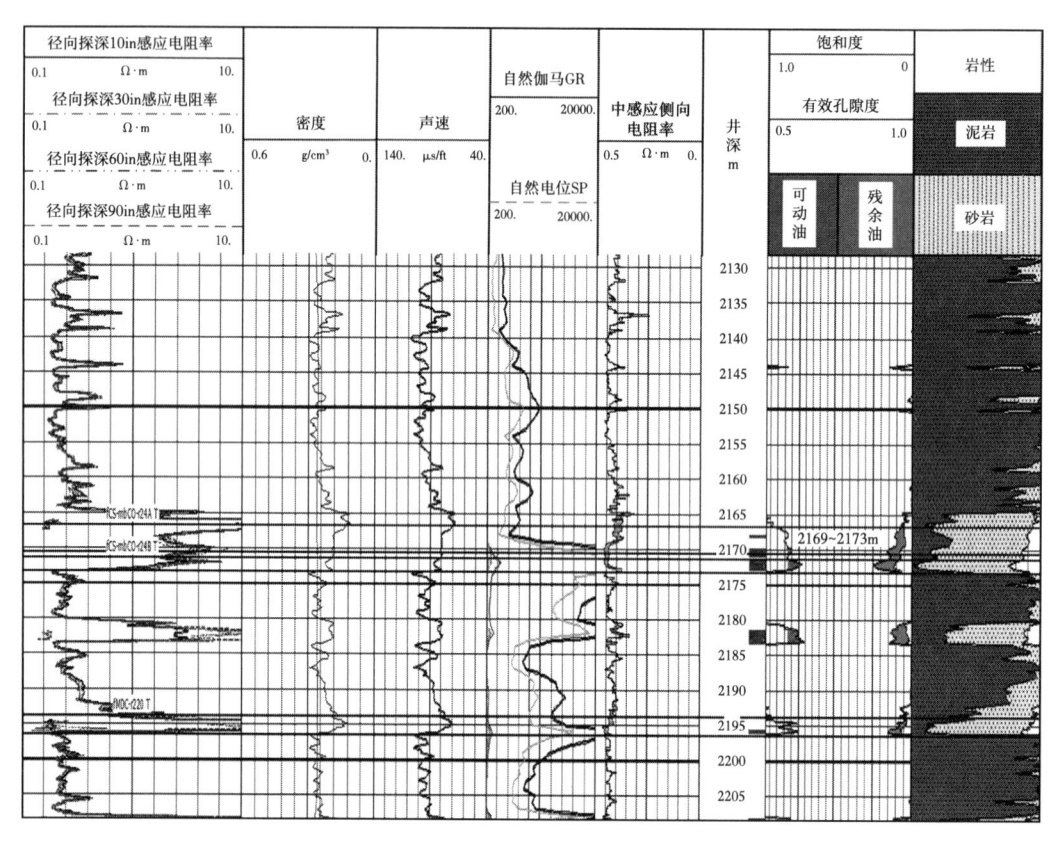

图 3.50　E-3262 井 2169~2173m 段测井解释结果

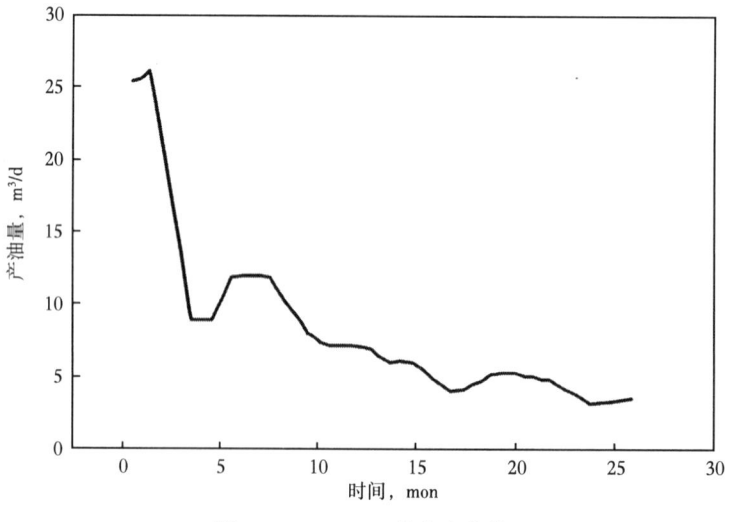

图 3.51　E-3262 井生产曲线

3.3.3.4　S-1183 井

S-1183 井压裂设计 5 个层段，实际压裂施工 3 段，压裂施工 3 个层段均顺利实施。第 4 和 5 段进行了坐封桥塞，射孔作业，进行抽吸测试，井口压力达到 6.9MPa，有气体溢出，取消压裂施工。表 3.11 为小型压裂测试分析结果，表 3.12 为主压裂施工裂缝拟合尺寸。

表 3.11 小型压裂分析结果

井名	段号	深度 m	闭合应力 MPa	闭合应力梯度 MPa/m	有效渗透率 mD	压裂液效率 %	净压力 MPa
S-1183	1	1346~1349	14.8	0.011	11	26.035	3.2
	2	1296.5~1299	16.4	0.012	2	50.885	3.0
	3	1026~1030	13.0	0.012	3	53.495	1.9

表 3.12 主压裂分析结果

井名	段号	深度 m	支撑半缝长 m	支撑缝高 m	平均支撑剂铺置浓度 kg/m²	设计半缝长 m	设计缝高 m	设计支撑剂铺置浓度 kg/m²
S-1183	1	1346~1349	21	33	4.78	35	70	7.27
	2	1296.5~1299	34	26	4.88	30	42	6.73
	3	1026~1030	28	31	7.02	25	47	8.30

（1）第 1 段 1346~1349m。

由小型压裂测试分析结果可知，层段的最小水平地应力梯度为 0.011MPa/m，地面施工压力低，地层易于压裂，压裂施工风险低。压裂评估分析储层渗透率较高，为 11mD，测试压裂液体能够快速渗入储层，裂缝尽快闭合，如图 3.52 至图 3.55 所示。

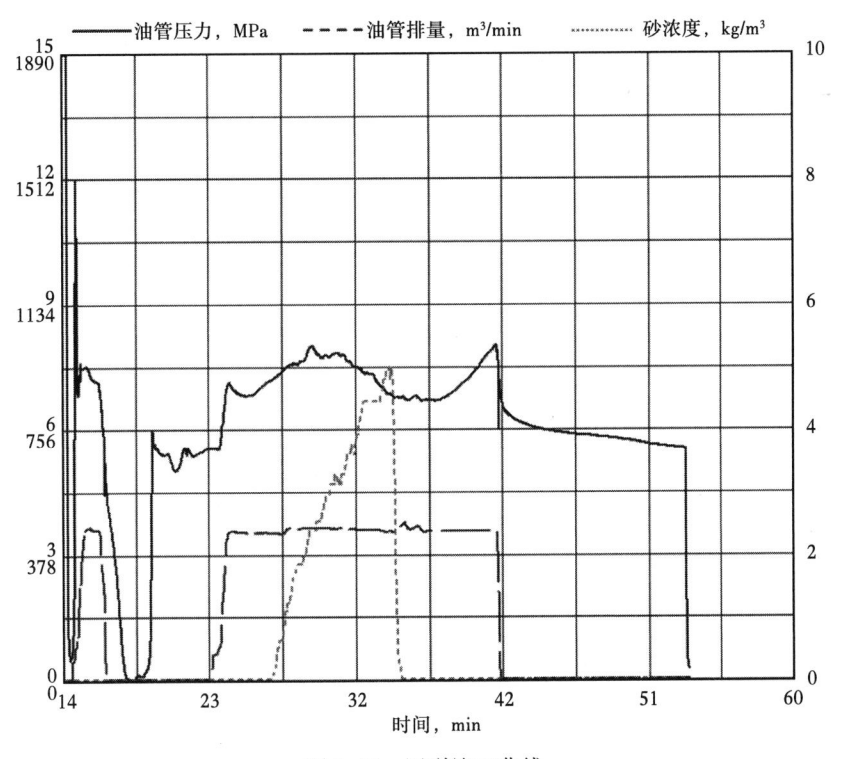

图 3.52 压裂施工曲线

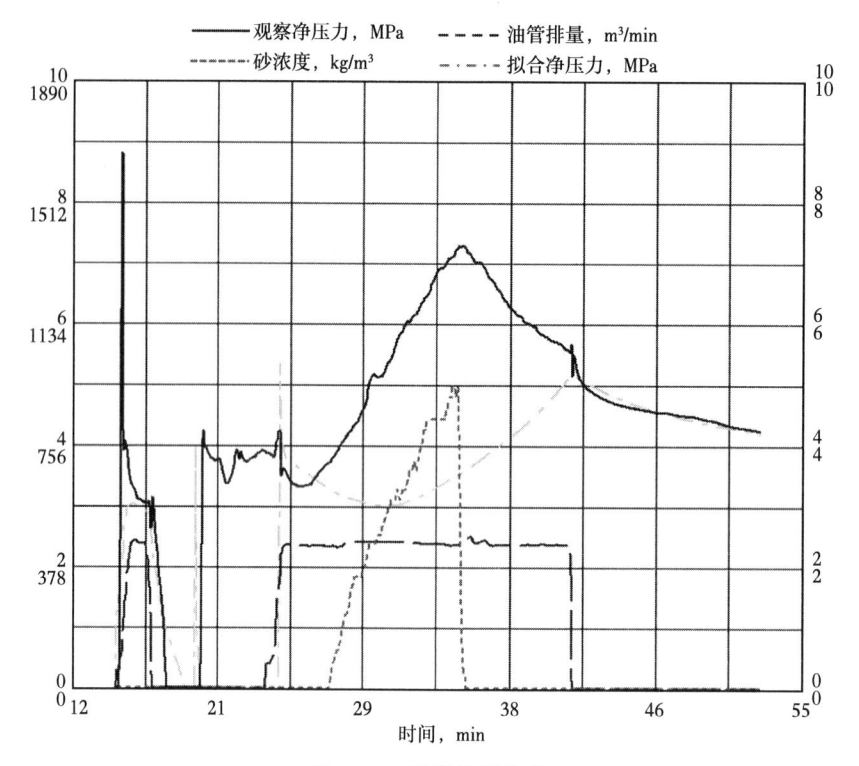

图 3.53 压裂分析曲线

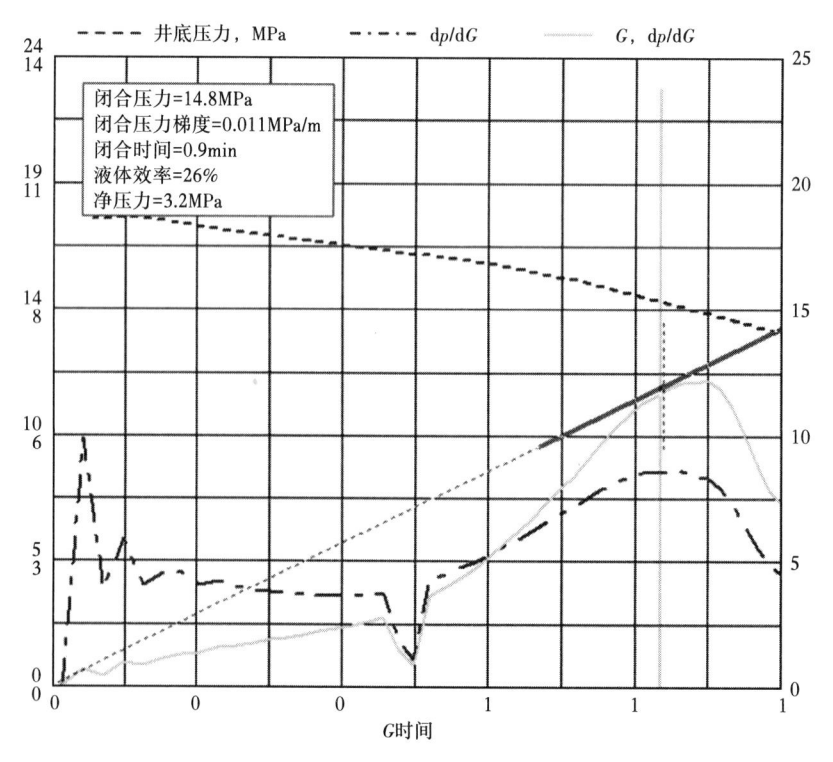

图 3.54 小型压裂测试

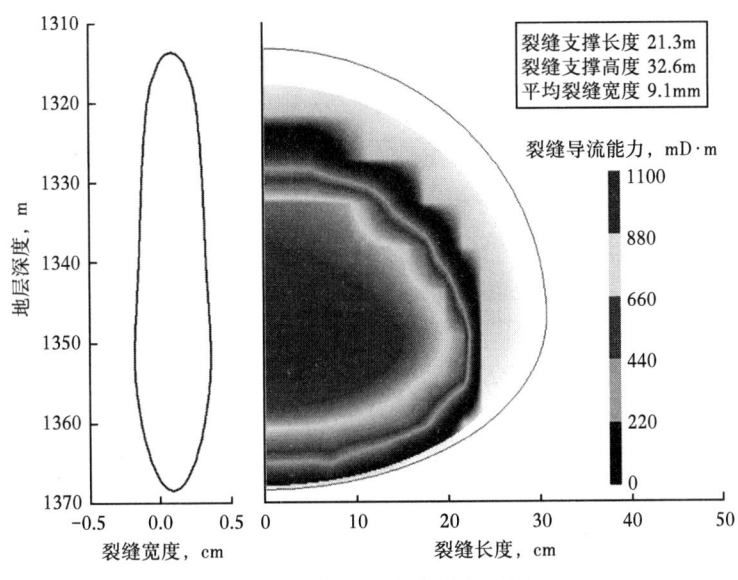

图 3.55 主压裂裂缝尺寸分析

（2）第 2 段 1296.5~1299m。

由小型压裂测试分析结果可知，层段的最小水平地应力梯度为 0.0126MPa/m，地面施工压力低，地层易于压裂，压裂施工风险低。压裂评估分析储层渗透率较高，为 2mD，测试压裂液体能够较快渗入储层，裂缝尽快闭合（图 3.56 至图 3.59）。

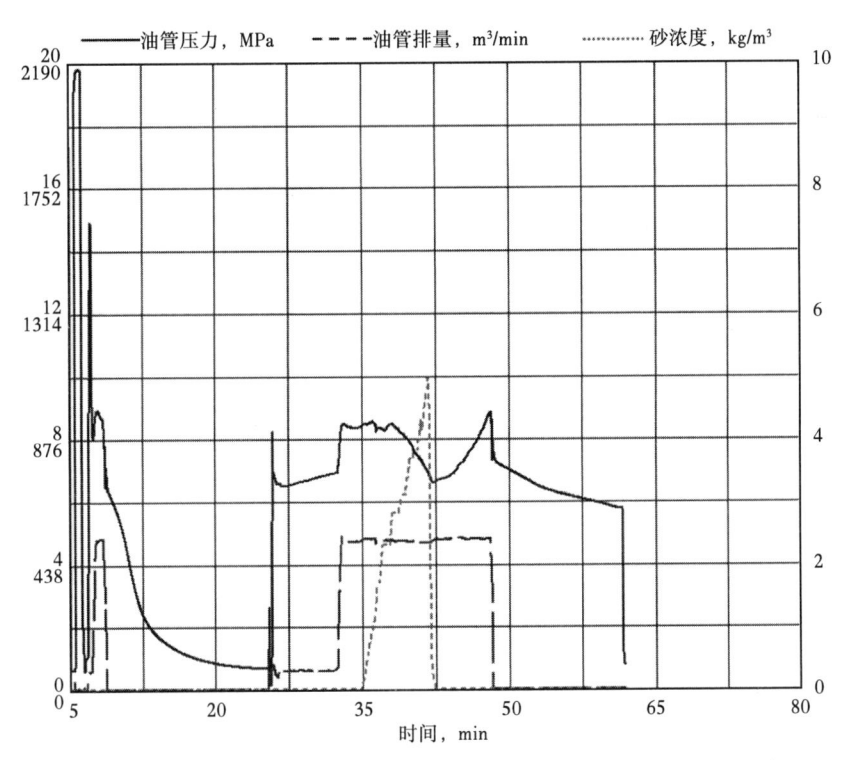

图 3.56 压裂施工曲线

85

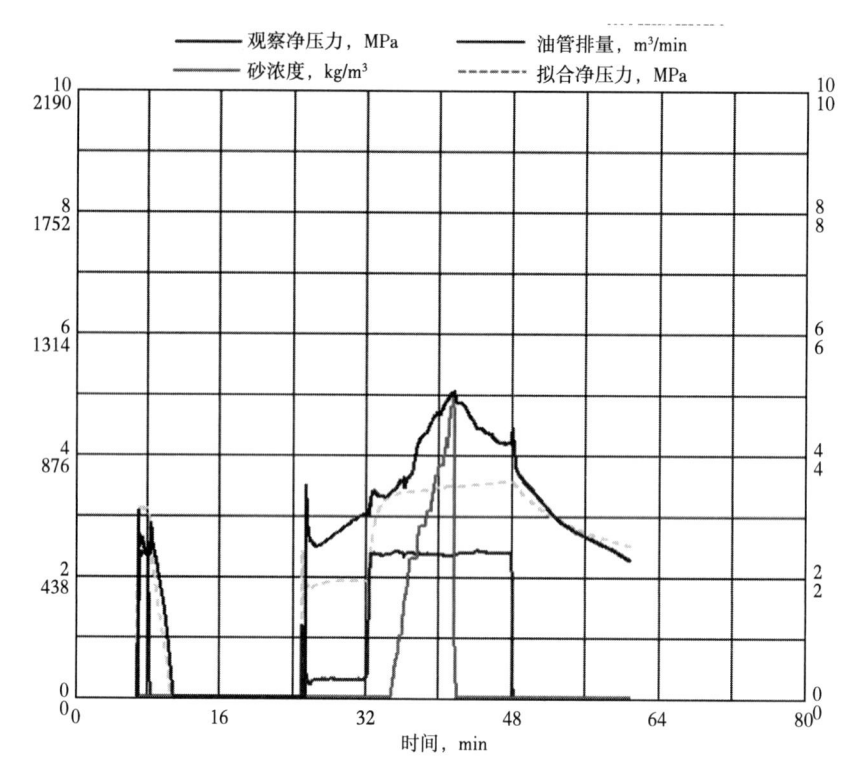

图 3.57 压裂分析曲线

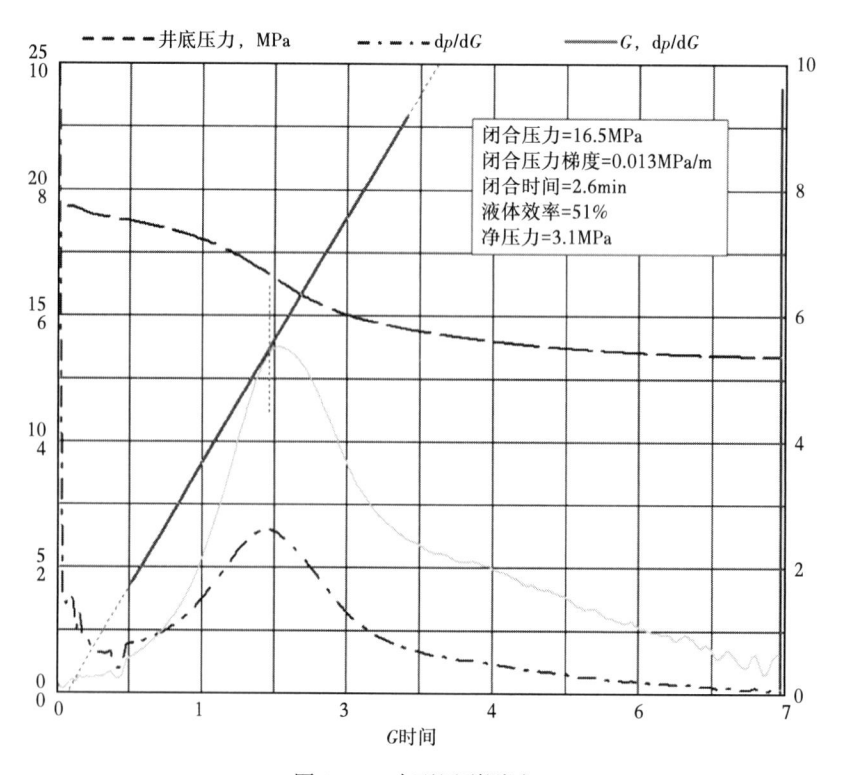

图 3.58 小型压裂测试

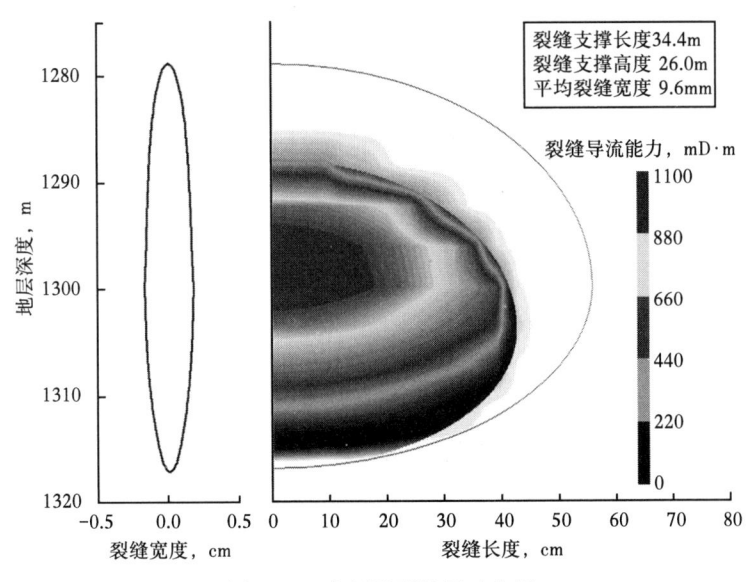

图 3.59 主压裂裂缝尺寸分析

(3) 第 3 段 1026~1030m。

由小型压裂测试分析结果可知,该层段的最小水平地应力梯度为 0.0126MPa/m,地面施工压力低,地层易于压裂,压裂施工风险低。压裂评估分析储层渗透率较高,为 3mD,测试压裂液体能够较快渗入储层,裂缝尽快闭合(图 3.60 至图 3.63)。

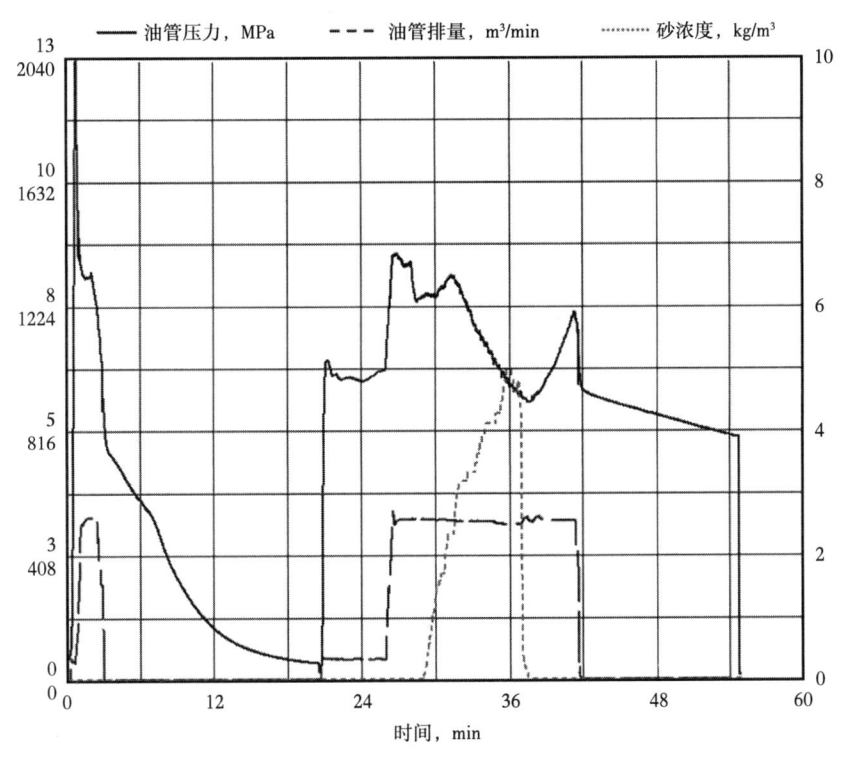

图 3.60 压裂施工曲线

87

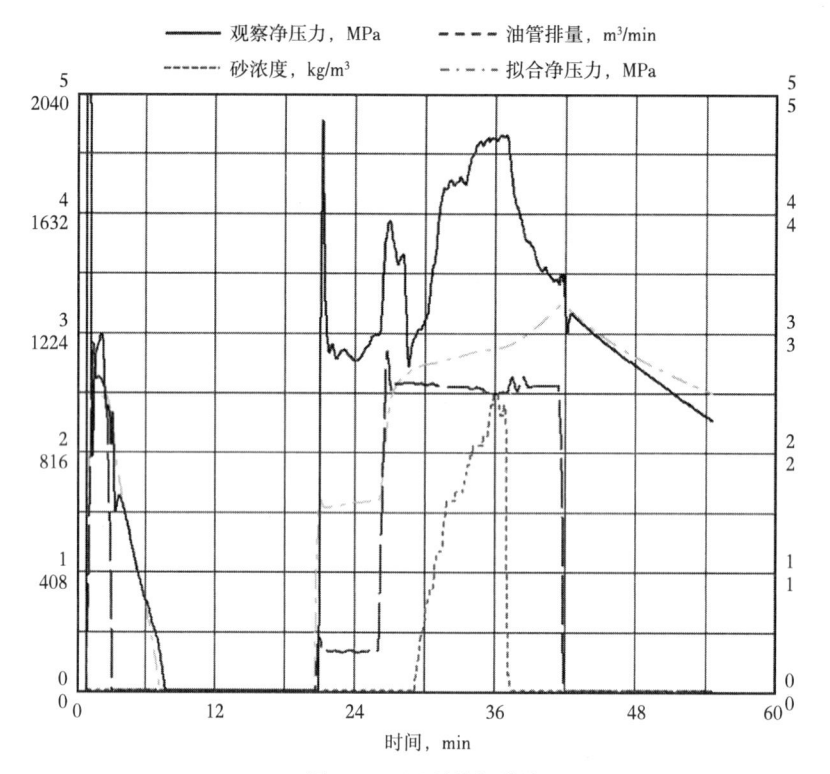

图 3.61 压裂分析曲线

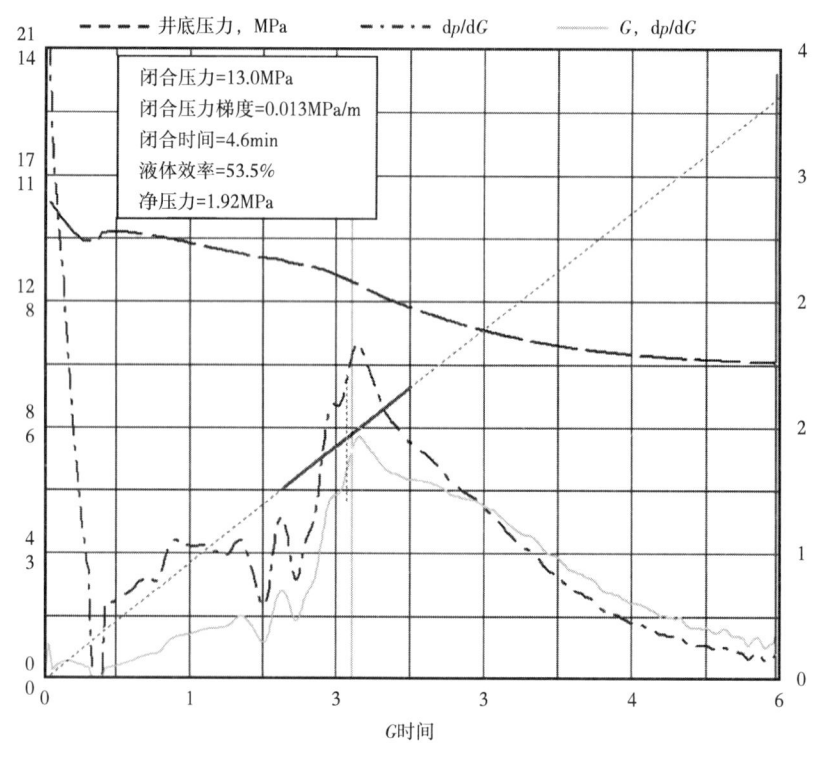

图 3.62 小型压裂测试

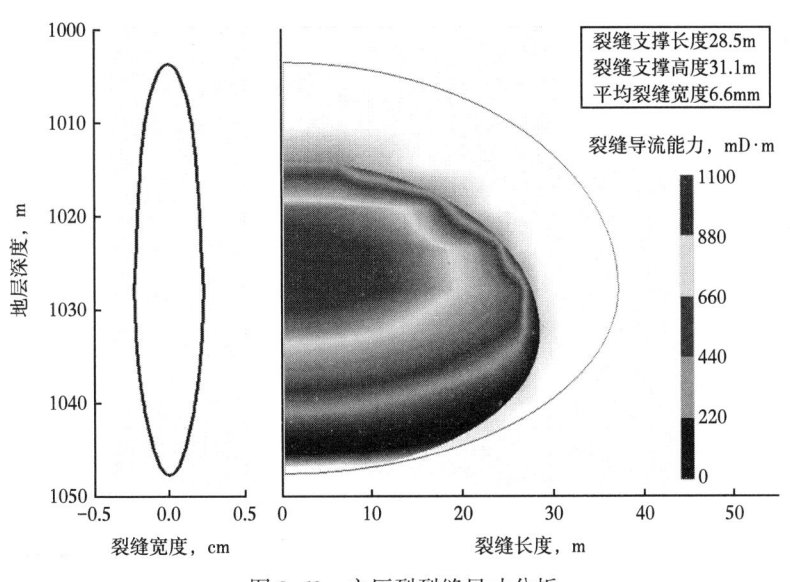

图 3.63 主压裂裂缝尺寸分析

3.3.3.5 S-1173 井

对 S-1173 井的 8 个储层段进行压裂设计，实际压裂施工 4 个层段，其中第 1 段压裂施工失败，第 6 段通过小型压裂测试判断主压裂施工砂堵风险很高，取消施工，因此该井实际有效压裂层段仅有 2 个（表 3.13）。该井压后产量低于临井，这与增产有效段数有较大关系。对 4 个压裂层段的小型压裂和主压裂施工数据进行了分析，分析结果见表 3.14。

表 3.13 压裂情况统计

序号	设计压裂层位，m	实际压裂层位，m	小型压裂	主压裂	备 注
1	880.0~887.0	880.0~887.0	Y	N	主压裂施工失败，井筒沉砂
2	785.0~788.5	—	—	—	施工超压，放弃
3	763.0~788.0	—	—	—	施工超压，放弃
4	761.0~788.5	—	—	—	施工超压，放弃
5	761.0~769.5	—	—	—	施工超压，放弃
6	670.0~674.0	670.0~674.0	Y	N	施工方判断主压裂风险大，取消
7	516.0~521.0	516.0~521.0	Y	Y	—

表 3.14 小型压裂测试分析结果

段号	深度 m	地层最小主应力梯度，MPa/m	评估渗透率 mD	评估油藏压力 MPa	油藏压力梯度 MPa/m	裂缝闭合时间 min	液体效率 %
1	880~887	0.016	5~7	13.3	0.016	1.0	11.4
2	670~674	0.013	5~10	8.8	0.013	1.0	40.0
3	518~521	0.013	5~8	6.5	0.012	4.5	77.0

对主压裂施工没有进行分析，因第 1 和第 2 段没有进行主压裂施工，第 3 和第 4 段没有主压裂施工数据。

（1）880.0~887.0m层段。

该层段进行小型压裂测试后，开始主压裂施工，但主压裂施工刚开始加砂，地面施工压力小幅上升1.2MPa，现场施工停止加砂，开始注纯液体顶替，顶替排量为2.58m³/min，顶替时间为1.95min，共计顶替5m³液体，此时施工排量降为零。停泵后，施工方又再次起泵，排量为0.3m³/min，此时地面压力迅速上升至19.3MPa，表现出明显的砂堵现象（图3.64、图3.65），采油压后拟合分析，地层中产生裂缝快速闭合，由于没有加入支撑剂，裂缝导流能力为零（图3.66、图3.67）。

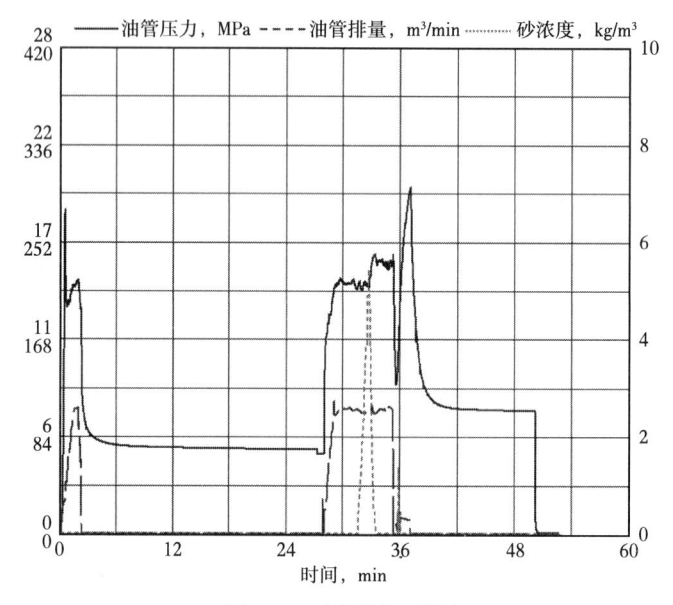

图3.64 压裂施工曲线

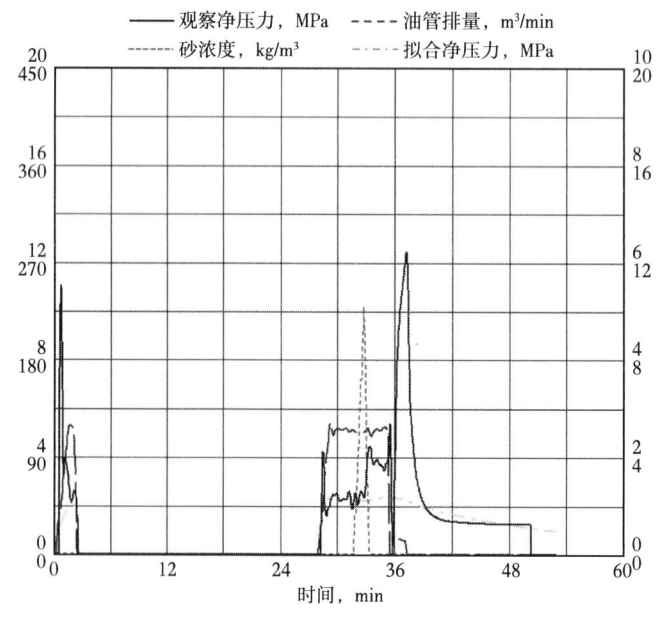

图3.65 压裂施工拟合

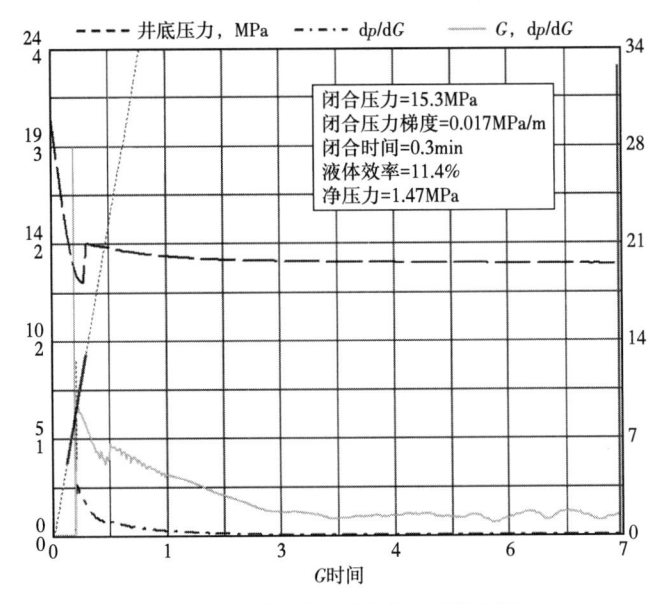

图 3.66 小型压裂测试 G 函数分析

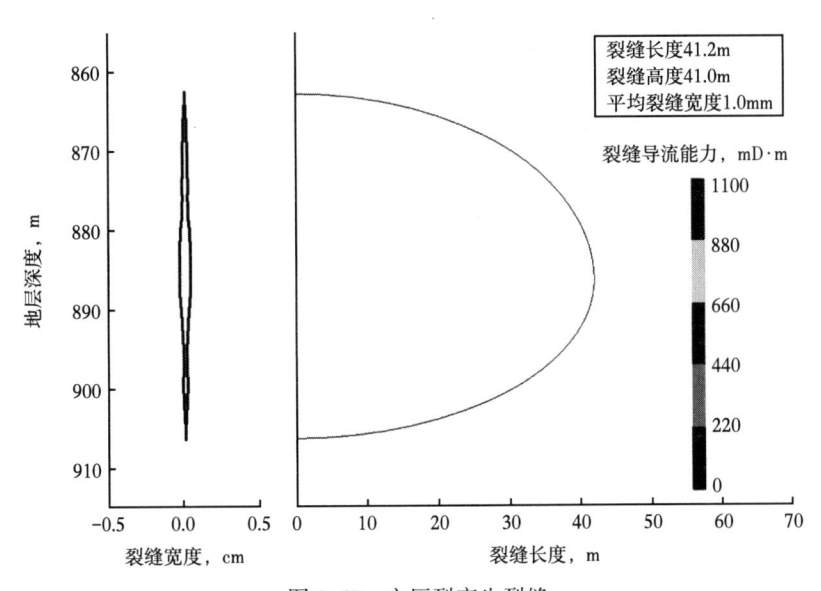

图 3.67 主压裂产生裂缝

通过分析计算，该井需要的顶替液量应为 10.6m³（124mm 内径套管井口至 887m 处容积），而实际只顶替 5m³，使得加入的 440kg 石英砂（0.26m³）全部沉入井筒，砂埋高度 21.6m。采用连续油管冲砂洗井作业，将沉砂正洗至地面。

施工停止加砂，进行顶替，同时顶替液量又比实际液量少 5.6m³，致使加入的 0.26m³ 石英砂没有被顶入地层，而是落入井筒，造成砂埋。

（2）785.0m~788.5m 层段。

施工方对 785~788.5m 井段进行坐封桥塞，射孔 39 个，地面尝试压裂，但是施工压力达到 19.3MPa，无法压开地层，由于该压力接近施工最高限压 21MPa（达到压裂井口装置最大耐压值），因此选择放弃 785~788.5m，761~769m 两个压裂层段。

(3) 670.0~674.0m层段。

670.0~674.0m层段实施小型压裂测试，小型压裂测试结果表明该层段滤失大，液体效率低，进行主压裂施工出现砂堵概率高，施工风险大，因此作业方决定放弃该层段主压裂施工作业。

对小型压裂测试进行了相应分析，结果表明该层段裂缝体现快速闭合特征，0.4min即出现裂缝闭合，认为这与该段储层渗透率较大有关（图3.68、图3.69）。可以尝试采用低砂比加砂方法施工。

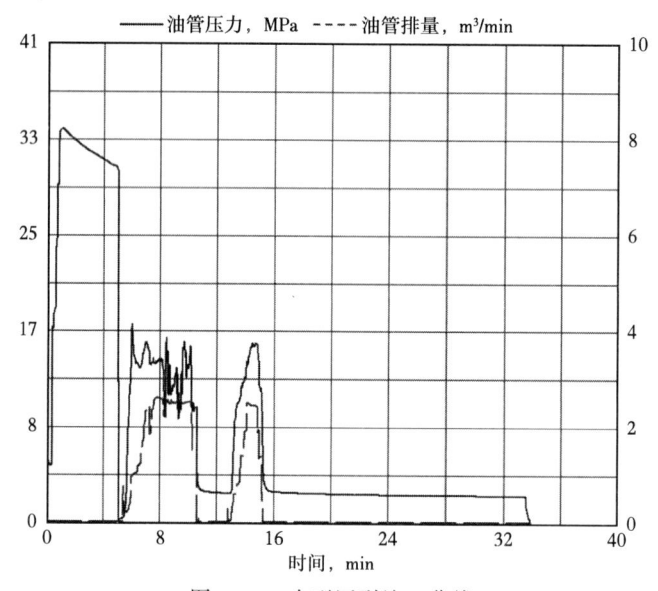

图3.68 小型压裂施工曲线

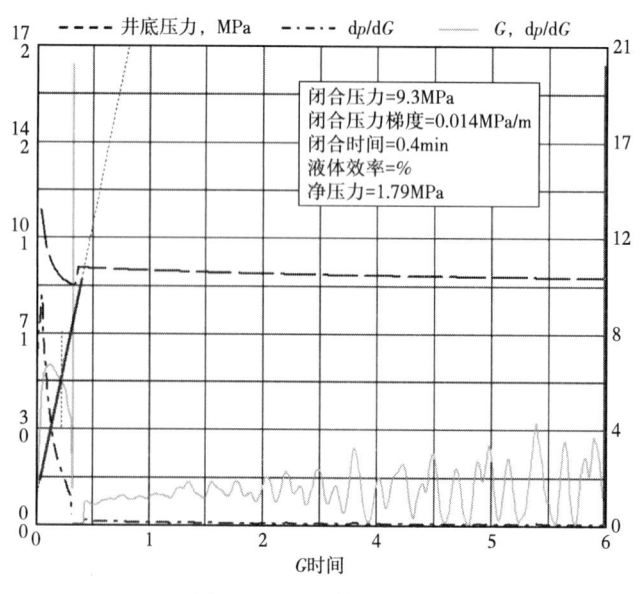

图3.69 G函数分析图版

(4) 516.0~521.0m层段。

该层段进行了小型压裂测试，地层破裂压裂梯度为0.013MPa/m，表现出S区块正常压裂梯度，随后进行了主压裂施工，施工正常。

该压裂段进行了小型压裂测试及主压裂施工，小型压裂过程中，地层破裂压力达到24.5MPa，施工压力16.5MPa，二者相差较大，不排除钻井固井过程中水泥浆污染严重的可能性。

主压裂施工过程中，地面施工压力明显小于小型压裂测试压力，并且施工压力逐渐下降，这说明裂缝由近井段状况不好地层延伸进入远端状况好地层，可以进一步推断该层段近井筒附近地层情况较差（图3.70、图3.71）。对压裂施工曲线进行压后拟合分析，得到裂缝尺寸如图3.72所示。

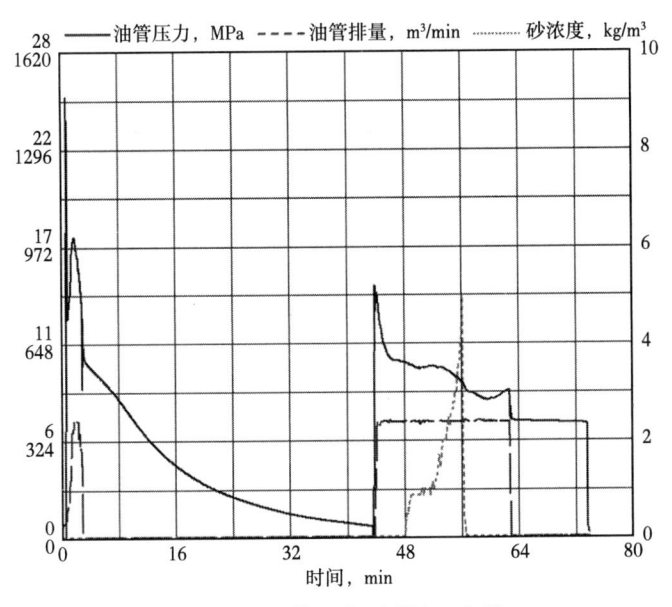

图3.70 第四段压裂施工曲线

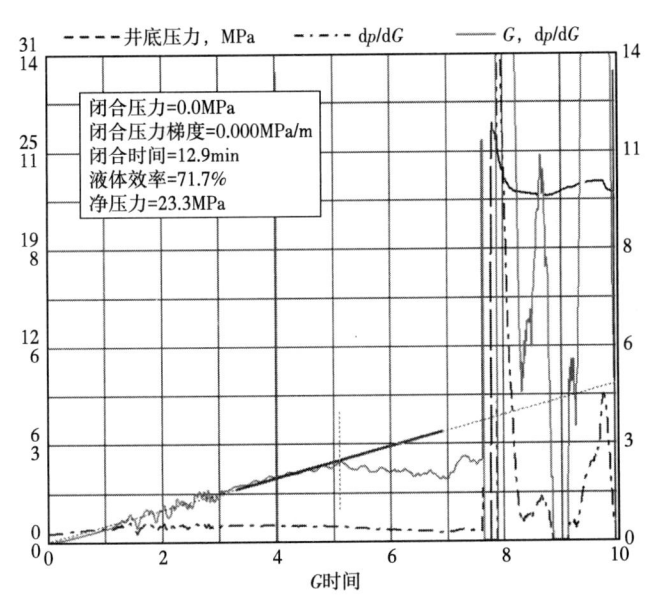

图3.71 小型压裂测试分析

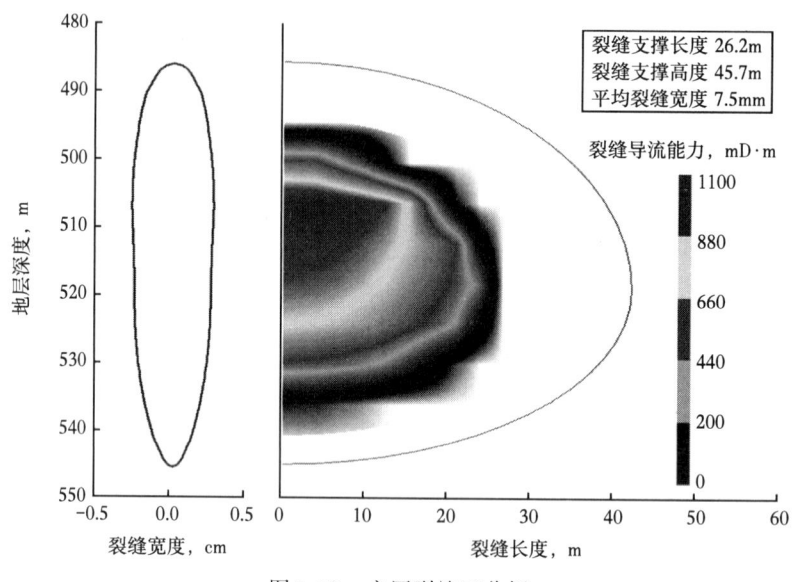

图3.72 主压裂施工分析

（5）压后产量。

该井压裂4段后，产油量较低，为1~2m³/d，产水量也为1~2m³/d，主要依靠地层能量进行开采，压裂改造效果一般（图3.73）。

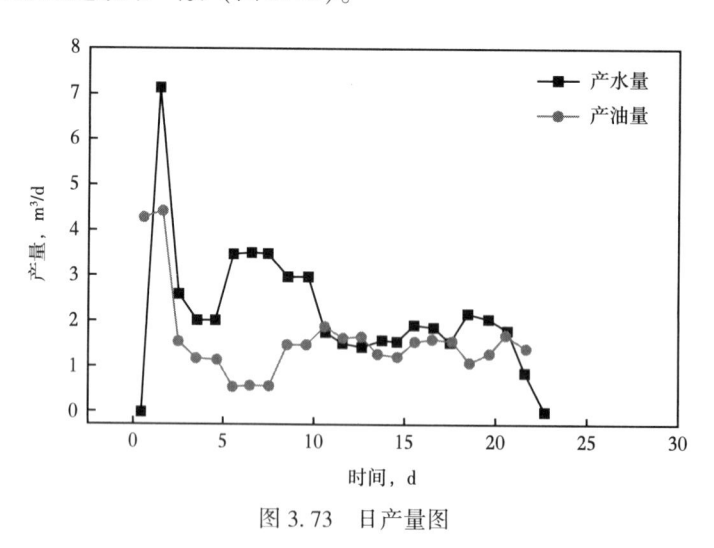

图3.73 日产量图

（6）施工认识。

S-1173井所控制区域内，从下至上储层渗透率均较高，为4~10mD，而储层力学性质表现不一，下部层位（880~887m，785~788m）地层最小水平主应力较高，为0.016MPa/m，上部层位（670~385m）最小水平主应力梯度为0.013~0.014MPa/m，该应力梯度与S区块绝大多数井相近。压裂施工前，对该井储层特点了解不够详细，没有制定压裂施工相应的预备方案，致使在遇到较高压力层位时，只能放弃施工，240m储层放弃。压裂服务方施工过程中存在决策过失，使得过早停砂，并且没有认真计算好顶替液量，致使加入的石英砂沉入井筒，主压裂失败，并导致后期进行连续油管冲砂洗井作业，进一步增加了作业成本。

参 考 文 献

[1] 张健,敬季昀,王杏尊.利用小型压裂短时间压降数据快速获取储层参数的新方法[J].岩性油气藏,2018,30(4):133-139.

[2] 王成旺,陆红军,陈宝春,等.超低渗透储层小型压裂测试方法改进与应用[J].油气井测试,2011,20(5):49-51.

[3] 赵志红,郭建春,岳迎春.利用小型压裂测试确定储层渗透率[J].石油地质与工程,2007(6):56-58.

[4] Michael J E, Nolte K G. 油藏增产措施[M]. 3版.北京:石油工业出版社,2002.

[5] Nojabaei B, Kabir C S. 2012. Establishing Key Reservoir Parameters With Diagnostic Fracture Injection Testing [J]. Society of Petroleum Engineers. doi:10.2118/153979-MS.

[6] Hai, Q, Baoping, L, Tingxue, J, et al. 2015. The Properties Analysis for Reservoir of Sand and Mud Thin Alternations in San Jorge Basin. Society of Petroleum Engineers. doi:10.2118/176068-MS.

[7] Craig D P, Eberhard M J, Barree R D. Adapting High Permeability Leakoff Analysis to Low Permeability Sands for Estimating Reservoir Engineering Parameters [J]. Society of Petroleum Engineers,2000.

[8] Araujo O, Lopez-Bonetti E, Garza D, et al. Successful Extended Injection Test for Obtaining Reservoir Data in a Gas-Oil Shale Formation in Mexico [J]. Society of Petroleum Engineers,2014.

[9] Craig D P, Eberhard M J, Ramurthy M, et al. Permeability, Pore Pressure, and Leakoff-Type Distributions in Rocky Mountain Basins [J]. Society of Petroleum Engineers,2005,20(1):48-59.

[10] Craig D P, Barree R D, Warpinski N R, et al. Fracture Closure Stress:Reexamining Field and Laboratory Experiments of Fracture Closure Using Modern Interpretation Methodologies [J]. Society of Petroleum Engineers,2017.

[11] 杨丽娜,陈勉,张旭东.小型压裂理论模型进展综述[J].石油钻采工艺,2002(2):45-48.

[12] 王达,刘刚芝,冯浦涌,等.新型小型压裂摩阻测试方法的应用[J].新疆石油地质,2011,32(6):672-674.

[13] Pokalai K, Haghighi M, Sarkar S, et al. Investigation of the Effects of Near-Wellbore Pressure Loss and Pressure Dependent Leakoff on Flowback during Hydraulic Fracturing with Pre-Existing Natural Fractures [J]. Society of Petroleum Engineers,2015.

[14] Hamza F, Sheibani F, Hadibeik H, et al. Determination of Closure Stress and Characterization of Natural Fractures with Micro-Fracturing Field Data [J]. Society of Petroleum Engineers,2018.

[15] Britt L K, Jones J R, Heidt J H, et al. Application of After-Closure Analysis Techniques to Determine Permeability in Tight Formation Gas Reservoirs [J]. Society of Petroleum Engineers,2004.

[16] Soliman M Y, Craig D P, Bartko K M, et al. Post-Closure Analysis to Determine Formation Permeability, Reservoir Pressure, Residual Fracture Properties [J]. Society of Petroleum Engineers,2005.

[17] Soliman M Y, Shahri M, Lamei H. Revisiting the Before Closure Analysis Formulations in Diagnostic Fracturing Injection Test [J]. Society of Petroleum Engineers,2013.

[18] Makhota N, Davletbaev A, Federvo A, et al. Examples of Mini-Frac Test Data Interpretation in Low-Permeability Reservoir [J]. Society of Petroleum Engineers,2014.

[19] Chipperfield S. After-Closure Analysis to Identify Naturally Fractured Reservoirs [J]. Society of Petroleum Engineers,2004.

[20] Barree R D, Barree V L, Craig D. Holistic Fracture Diagnostics:Consistent Interpretation of Prefrac Injection Tests Using Multiple Analysis Methods [J]. Society of Petroleum Engineers,2009.

[21] Aud W W, Wright T B, Cipolla C L, et al. The Effect of Viscosity on Near-Wellbore Tortuosity and Premature Screenouts [J]. Society of Petroleum Engineers,1994.

［22］ Inyang U, Cortez J, Singh D, et al. Investigating the Dominant Factors Influencing Well Screenouts for Crosslinked Fracturing Fluids in Shale Plays ［J］. International Petroleum Technology Conference, 2015.

［23］ Daneshy A A. Pressure Variations Inside the Hydraulic Fracture and Their Impact on Fracture Propagation, Conductivity, and Screenout ［J］. Society of Petroleum Engineers, 2007.

［24］ Massaras L V, McNealy T R. Highly Accurate Prediction of Screenouts in the Eagle Ford Shale with the Screenout Index. Society of Petroleum Engineers, 2012.

［25］ 赵金洲, 彭瑀, 李勇明, 等. 高排量反常砂堵现象及对策分析 ［J］. 天然气工业, 2013, 33 (4): 56-60.

［26］ 翟恒立. 页岩气压裂施工砂堵原因分析及对策 ［J］. 非常规油气, 2015, 2 (1): 66-70.

［27］ 崔彦立, 殷静. 薄层压裂中的近井筒效应及对策 ［J］. 吐哈油气, 2004 (2): 123-129.

4 压裂工艺优化研究

圣豪尔赫盆地储层具有低孔隙度、低渗透率、单层厚度薄,砂泥岩交互、纵向分布跨度大的特点。薄互层油藏多层分段压裂改造存在以下技术难点:隔层厚度小,分层、选层难度大;目的层和隔层应力差值较小,裂缝形态及缝高难控制;埋藏深、施工压力高,多层压裂卡管柱风险大[1-6]。由于压裂改造的层多且跨度较大,为了满足均衡改造的需要和分层工具对施工参数的要求,首先对不同区块的压裂施工曲线进行拟合分析,掌握裂缝尺寸数据,然后开展薄互层控缝高压裂优化,尽可能控制裂缝高度在储层内延伸,避免压窜隔层,沟通上下含水层或管外窜槽影响管柱起出,这是薄互层多层分段压裂工艺需要解决的重点问题,也是本章主要研究的内容。

4.1 压裂工艺参数适应性分析

4.1.1 现用压裂工艺过程

目前在圣豪尔赫盆地主要采用的压裂工艺为桥塞+油管封隔器配合压裂并逐层上返施工。在实施该工艺前,首先需要对压裂的层段进行射孔,然后下入桥塞+油管封隔器工具,压裂工艺步骤如图4.1所示。

(1)对需要压裂的层段按照预定方案布置孔道。
(2)下入桥塞+油管封隔器管串,到达桥塞坐封位置,坐封桥塞。
(3)上提管柱至油管封隔器坐封位置,通过油管将封隔器坐封。
(4)压前抽吸测试或直接压裂施工。
(5)井口压力落零,转步骤6或压后抽吸测试。
(6)解封油管封隔器,下放油管至桥塞位置,使其解封。
(7)上提油管,进行第二段压裂。
(8)重复步骤2~7,压裂多个层段。

该压裂工艺操作简便,油管可以直接解封及坐封桥塞和封隔器,大幅减少了作业时间,具有一定的连续压裂施工的能力,且工具服务成本低,因此对于圣豪尔赫盆地直井压裂施工,该工艺适用性好。但是,圣豪尔赫盆地多数储层为低压状态,压裂液对储层污染严重,压裂完一个层段后需要及时返排压裂液体,严格控制压裂层段之间的间隔时间,使单井压裂周期进一步缩短,为单井压裂液体返排提供保证。

4.1.2 裂缝形态分析

通过压后测井温、生产测井和其他评价技术可知,水力裂缝通常会在隔层、低渗透层内停止延伸,特别是小规模压裂施工产生的裂缝[7-9]。这有助于了解隔层与储层的应力差

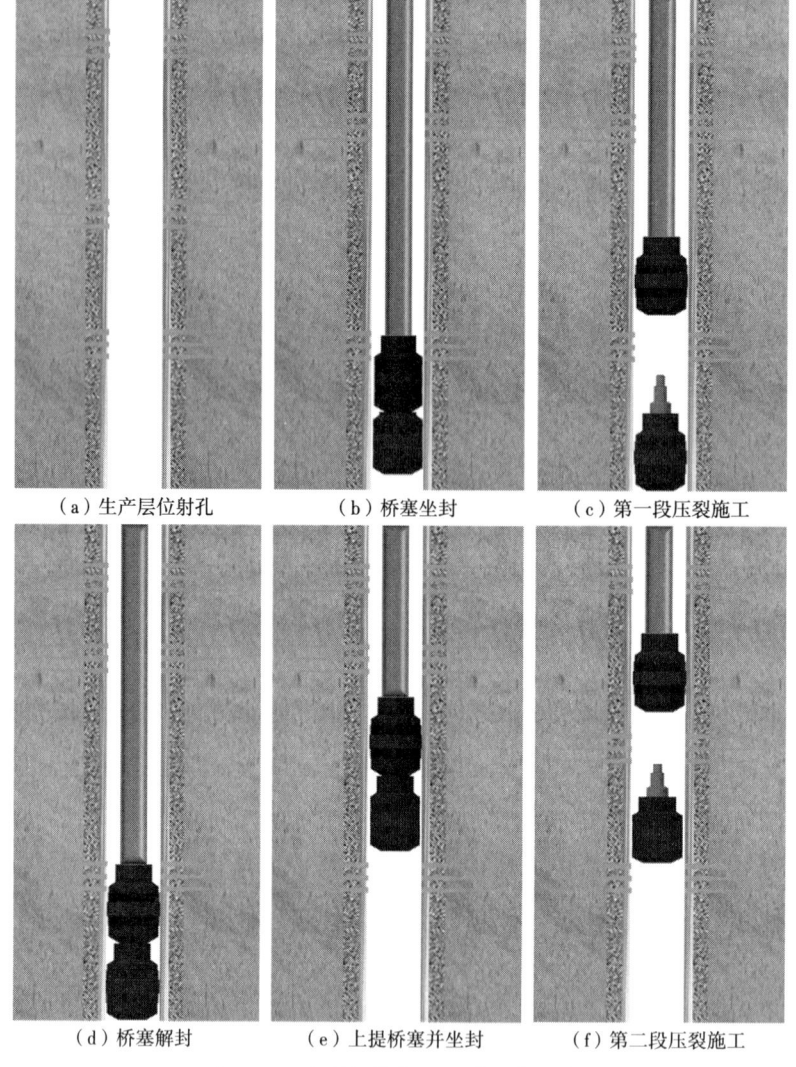

(a）生产层位射孔　　（b）桥塞坐封　　（c）第一段压裂施工

(d）桥塞解封　　（e）上提桥塞并坐封　　（f）第二段压裂施工

图 4.1　圣豪尔赫盆地压裂工艺示意

值及岩石塑性，辨别裂缝延伸特点。隔层与储层的应力差值是影响裂缝高度延伸的首要因素，该结论已被大量的室内实验及现场测试所证明，最小水平主应力差是限制缝高增长的主因素。

阿根廷圣豪尔赫盆地储层特点为砂泥岩互层，低渗透，低水平应力差。储层与上下隔层的最小水平主应力差值通常不大。因为隔层与储层水平最小主应力差别不大，在储层中进行压裂所产生的裂缝通常会延伸到上下泥岩隔层中[10-12]，导致裂缝沿缝高延伸过多，沿缝长方向延伸有限，能量被分散，难以形成长裂缝，最终形成的椭圆形裂缝的缝长与缝高比会很小［图 4.2（a）］。由于裂缝缝长短，导致沟通储层长度有限，在很大程度上降低了增长效果。特别是在隔层与储层水平最小主应力几乎相同时，主压裂所产生的裂缝基本为圆形，缝长与缝高比接近 1 ［图 4.2（b）］。

(a）椭圆形裂缝　　　　　　　　　（b）径向裂缝

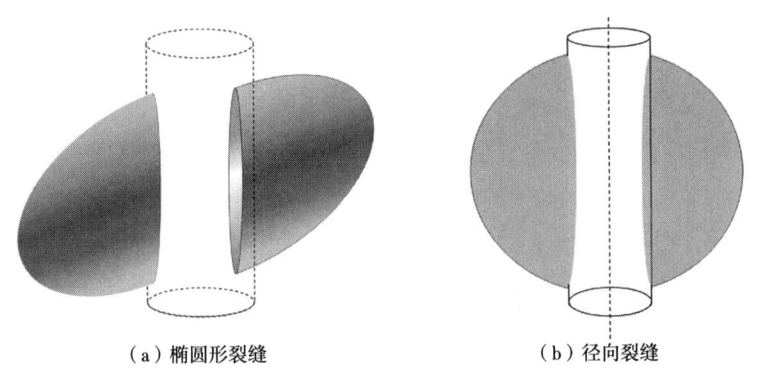

图 4.2　裂缝形态图

4.1.3　主压裂裂缝参数分析

压后拟合技术是一个获取及评价裂缝形态有效而廉价的方法，该技术被国外主流石油技术服务公司所采用[13-16]。压后拟合技术利用小型压裂测试获取的重要地层数据（最小主应力、渗透率、储层压力等）及主压裂施工数据（压力、排量、砂浓度、压裂液黏度和摩阻等数据），分析主压裂施工的净压力，并利用压后拟合技术反演出井下裂缝尺寸。该计算方法要求详细而真实的地质、油藏、压裂工程参数。由于圣豪尔赫盆地对每一个层都进行了小型压裂测试及主压裂测试，且地质及压裂资料齐全，因此采用压后拟合技术计算裂缝尺寸的方法完全可行。通过该技术求取的 E 区块、M 区块、S 区块重点井的裂缝参数如图 4.3 至图 4.8 所示。

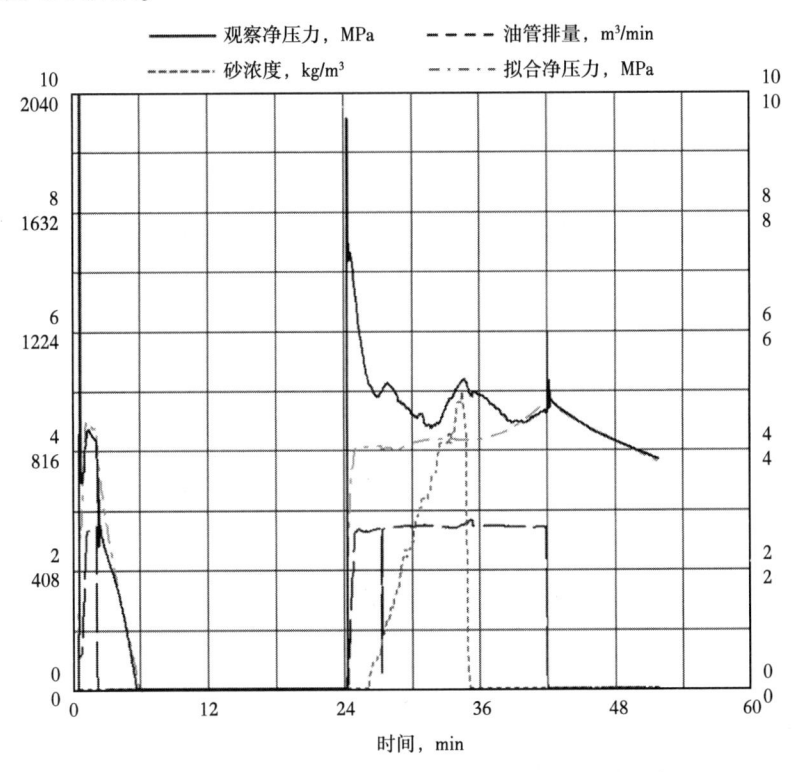

图 4.3　S-1188（1673~1676m）压后净压力拟合示例

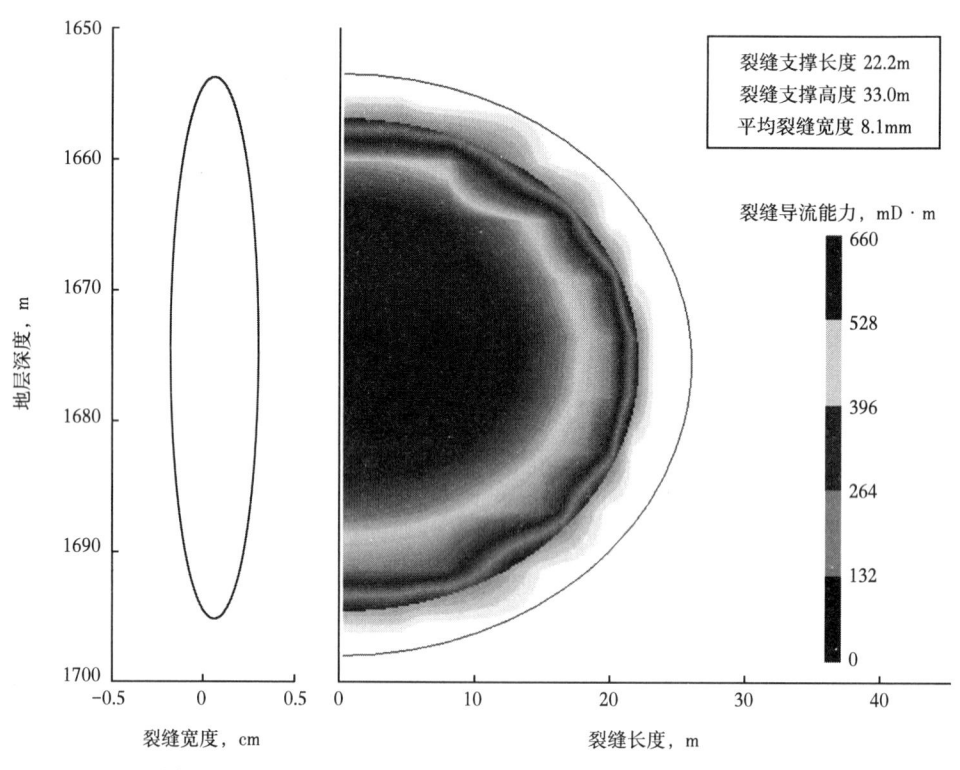

图 4.4　S-1188（1673~1676m）压后净压力拟合裂缝尺寸示例

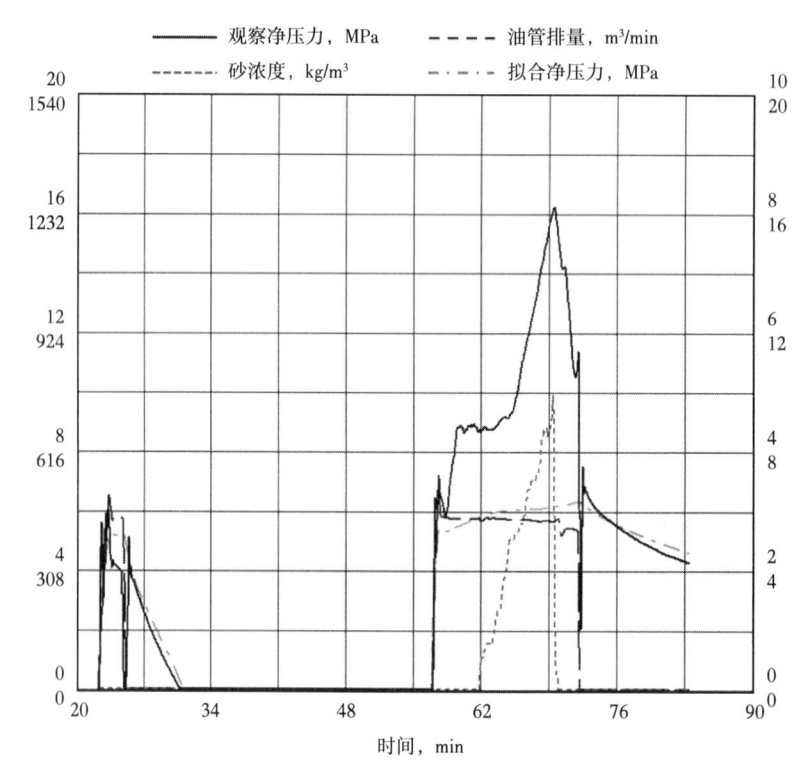

图 4.5　E-3261（2324~2329m）压后净压力拟合示例

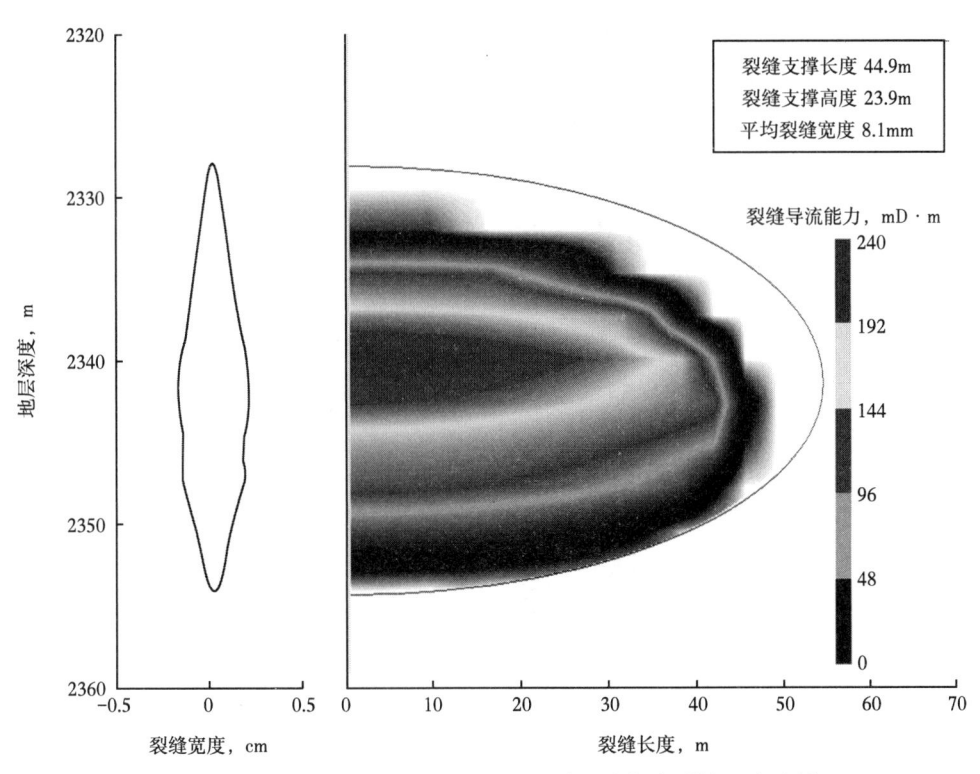

图 4.6 E-3261（2324~2329m）压后净压力拟合裂缝尺寸示例

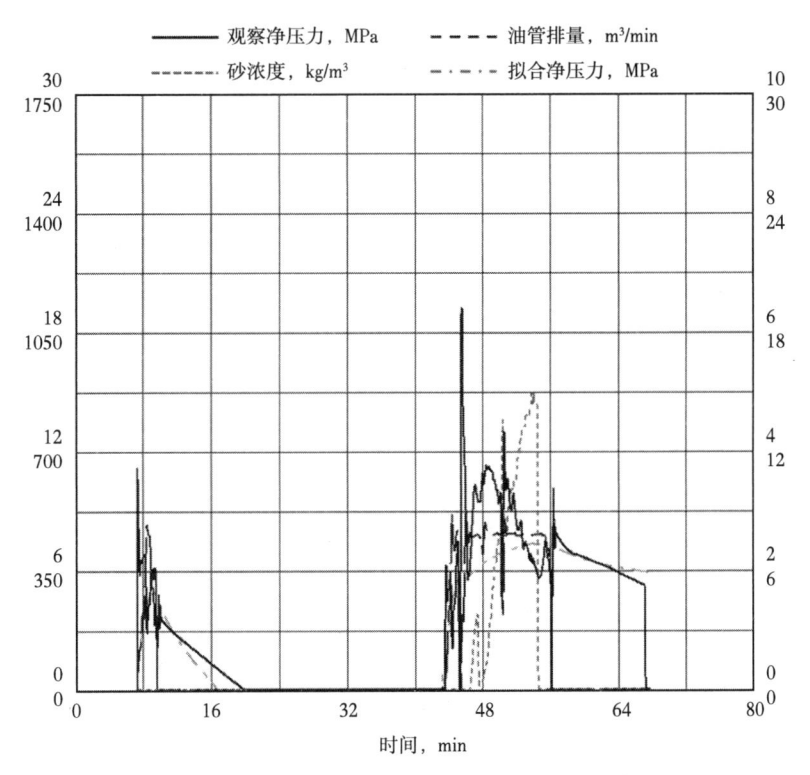

图 4.7 M-5021（2507~2511m）压后净压力拟合示例

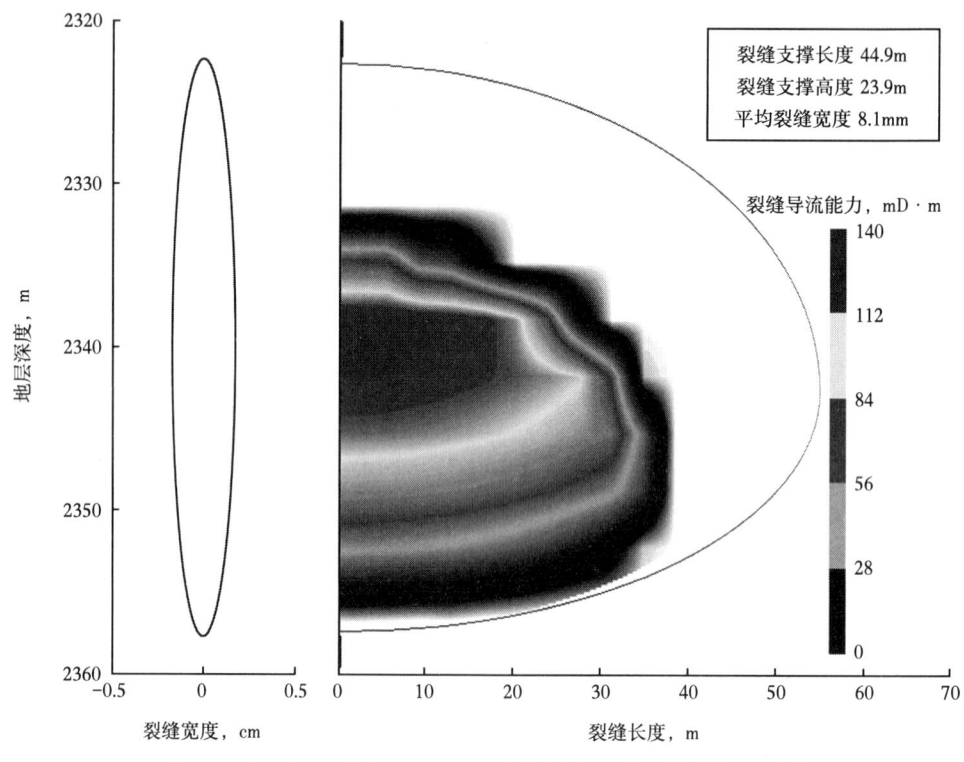

图 4.8 M-5021（2507～2511m）压后净压力拟合裂缝尺寸示例

图 4.9 和图 4.10 为采用压后拟合技术计算得到的 S 区块裂缝的拟合缝长与设计缝长及拟合缝高与设计缝高。由图可以看出绝大多数压裂拟合得到的裂缝高度及长度均小于压裂设计裂缝的长度及高度，表明压裂设计中的液量及砂量可以进一步增加，提高实际裂缝尺寸。

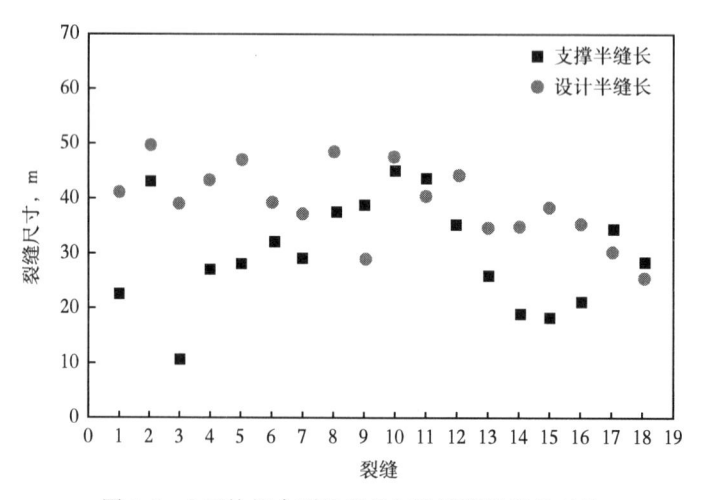

图 4.9 S 区块拟合裂缝缝长与设计裂缝缝长对比

图 4.11 和图 4.12 为采用压后拟合技术计算得到的 E 区块裂缝的拟合缝长与设计缝长及拟合缝高与设计缝高。由图可以看出绝大多数压裂拟合的裂缝长度与设计裂缝长度符合

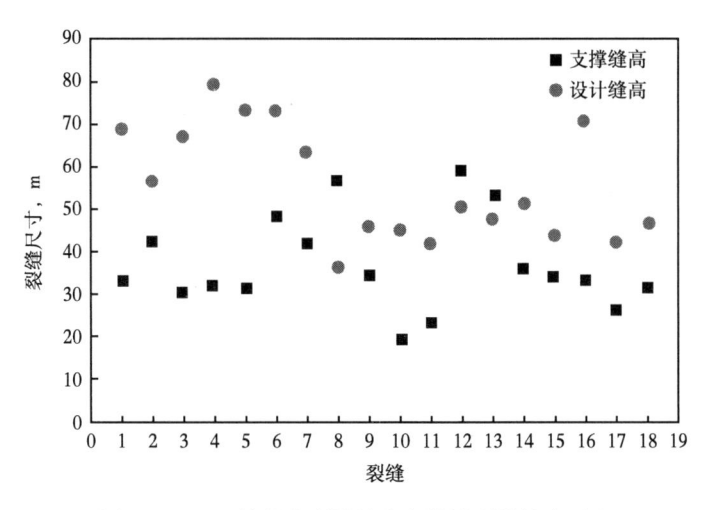

图 4.10 S 区块拟合裂缝缝高与设计裂缝缝高对比

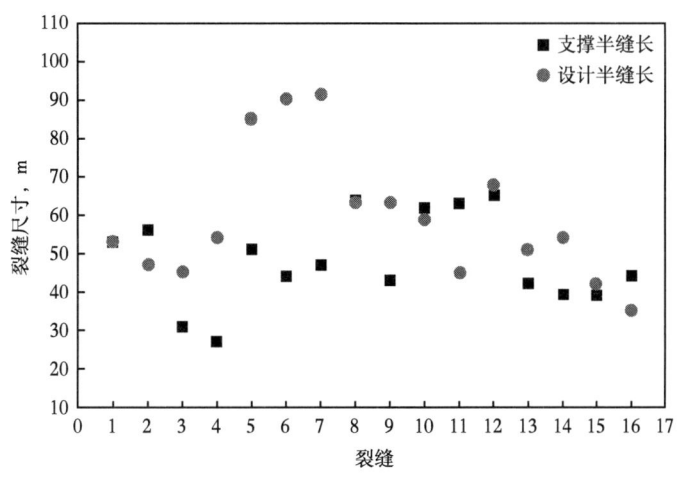

图 4.11 E 区块拟合裂缝缝长与设计裂缝缝长对比

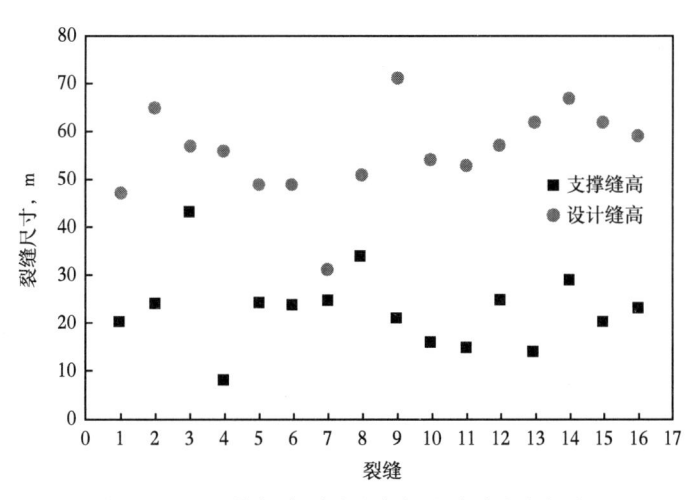

图 4.12 E 区块拟合裂缝缝高与设计裂缝缝高对比

较好，裂缝长度主要为50m；大多数压裂拟合得到的裂缝高度小于压裂设计中的裂缝高度，拟合裂缝平均高度为30m，设计裂缝平均高度为60m，表明压裂设计中液量及砂量可以进一步增加，增加裂缝高度。

图4.13和图4.14为采用压后拟合技术计算得到的M区块裂缝的拟合缝长与设计缝长及拟合缝高与设计缝高。由图可以看出绝大多数压裂拟合得到的裂缝长度与设计裂缝长度符合较好，裂缝长度主要为40m；大多数压裂拟合得到的裂缝高度小于压裂设计中的裂缝高度，拟合裂缝平均高度为20m，设计裂缝平均高度接近50m，表明压裂设计中液量及砂量可以进一步增加，增加裂缝高度。

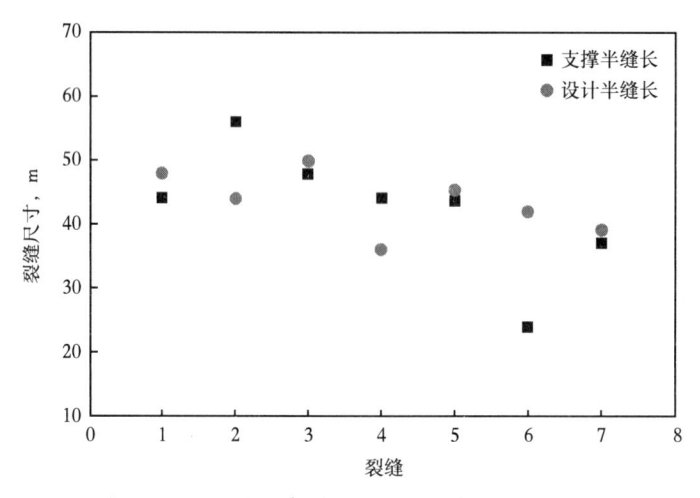

图4.13 M区块拟合裂缝缝长与设计裂缝缝长对比

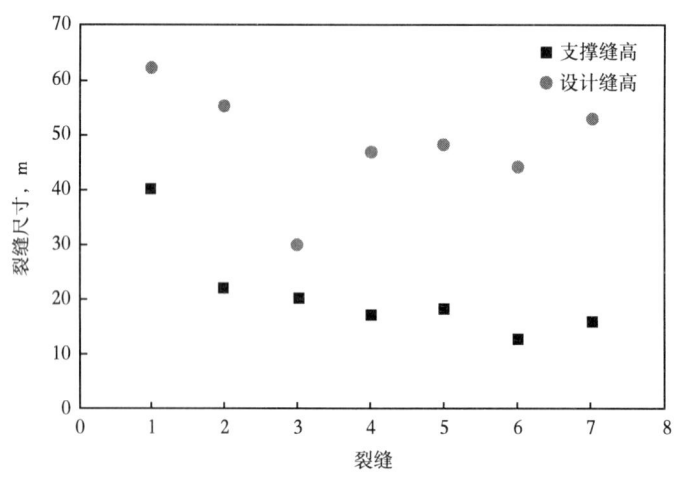

图4.14 M区块拟合裂缝缝高与设计裂缝缝高对比

4.1.4 3个区块裂缝形态分析

挑选E区块6口压裂井的16个压裂层位进行压后拟合分析，图4.15为缝长和缝高数据的统计结果。由图可知裂缝长度为40~60m，裂缝高度为15~30m，通过计算缝长与缝高比，可以看出大多数比例为2:1，该区域裂缝形态为椭圆形裂缝（图4.16）。有4个层的缝长与缝高比例大于3。由此可知在E区块产生的裂缝主要以椭圆缝为主，缝长与缝高比主要为2:1，但裂缝高度都大于E区块储层高度（2~6m）。

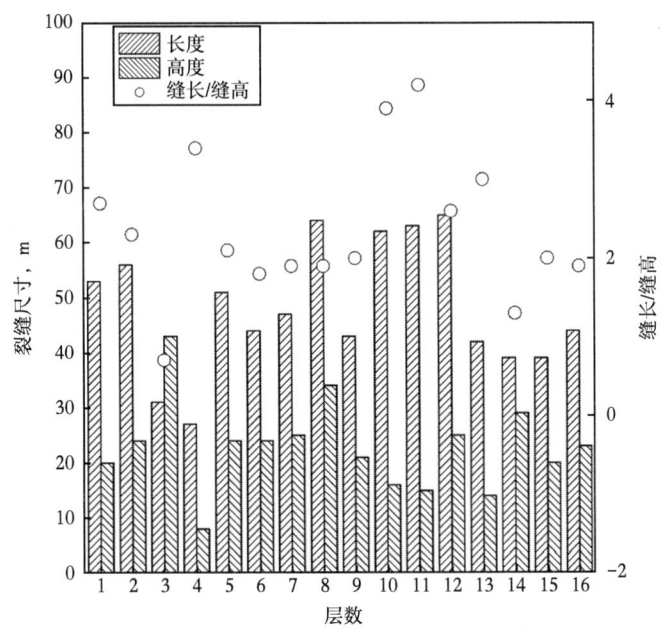

图4.15 E区块压裂层裂缝尺寸分析

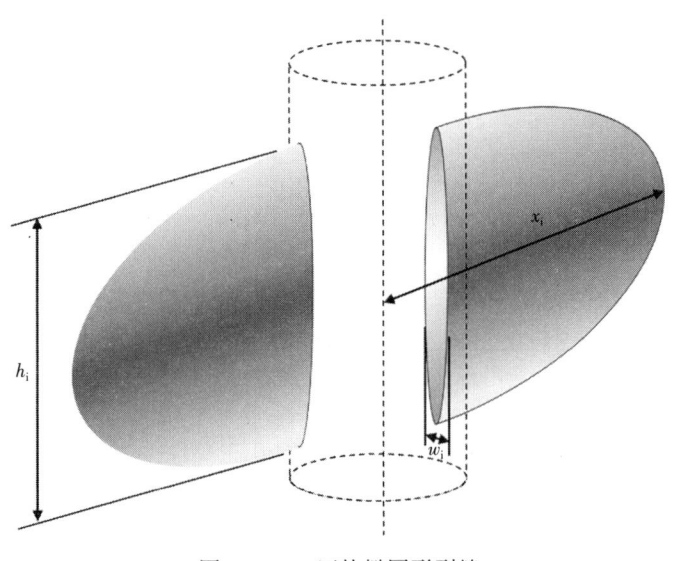

图4.16 E区块椭圆形裂缝

对M区块5口井的7个压裂层位进行压后拟合分析，分析结果如图4.17所示。裂缝长度为22~56m，有5组数据接近40m，裂缝高度为12~40m。有6组缝长与缝高比主要为2.2，该数值与E区块相似，表明M区块产生的裂缝也主要为椭圆形裂缝。

图4.18是对S区块8口井22个压裂层位的拟合分析结果。由图可知，裂缝长度与高度基本相同，比值接近1，有的层位裂缝高度大于裂缝长度，表明S区块产生的裂缝为圆形裂缝，这与E区块和M区块有较大差别。S区块储层与隔层的最小主应力差值与另两个

区块相比为最低。裂缝更容易延伸进入上下隔层，从而限制了裂缝长度的增加。

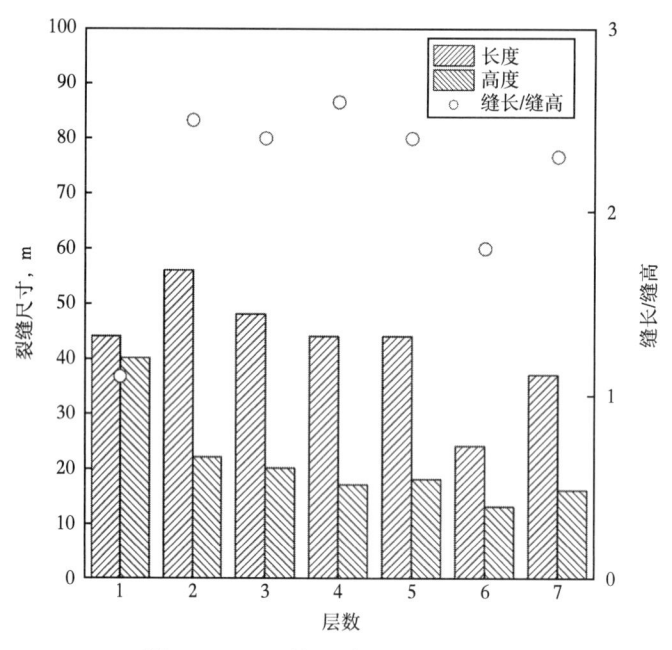

图 4.17　M 区块压裂层裂缝尺寸分析

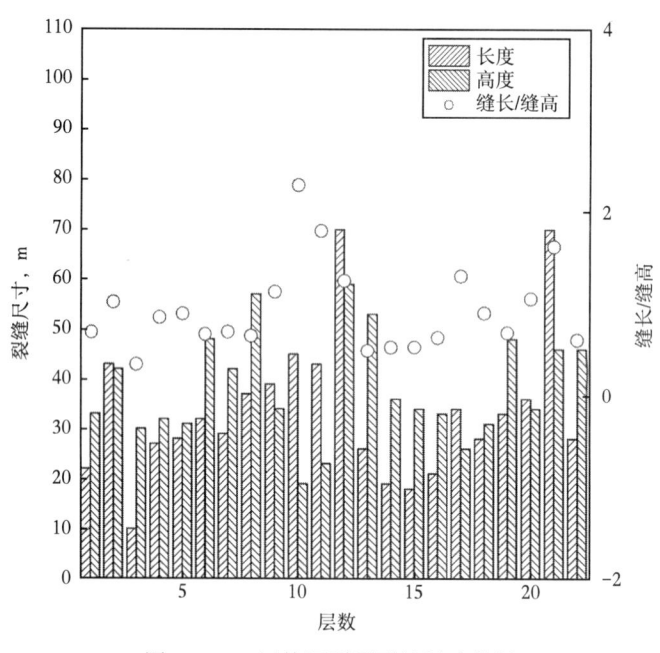

图 4.18　S 区块压裂层裂缝尺寸分析

4.1.5　小结

通过对三个区块 19 口井的 45 个压裂层位进行主压裂施工裂缝净压力拟合分析：E 区块和 M 区块缝长与缝高比为 2∶1，为椭圆形裂缝；S 区块的缝长与缝高比为 1∶1，为圆形裂缝。并且三个区块压裂所产生的裂缝高度均大于储层厚度。人工裂缝高度延伸至上下泥岩隔层会导致在压裂施工过程中支撑剂沉降至下部隔层，减少了储层中人工裂缝有效支撑剂数量，降低了人工裂缝导流能力，从而影响最终改造效果以及增产有效期。

4.2 控制缝高压裂工艺优化

当最小水平应力差值为 0.5~3MPa 时，通常难以阻挡人工裂缝的延伸[17-20]。并且现有压裂裂缝拟合尺寸表明，裂缝高度均大于压裂改造的薄层厚度，而且压裂现场所采用的瓜尔胶压裂液黏度高（500~600mPa·s），很容易导致裂缝高度失控，造成裂缝长度减小，降低储层有效改造深度，造成压裂后初期产量高、递减快的现象。因此，需要开展控制缝高压裂工艺优化。压裂模拟参数选取 E 区块作为参考。并从中选取典型井 E-4124 井作为裂缝模拟参考井，该井采用 ϕ139.7mm 套管完井，目的层段 2505~2510.5m，厚度为 5.5m，射孔层段 2505~2510.5m，射孔段厚度为 5.5m。压裂油管采用直径为 73.0mm 油管，内径为 62.0mm，储层渗透率取 1.0~10.0mD。

依据地质参数和井筒数据，开展压裂排量、压裂液黏度、支撑剂用量、前置液用量、前置液比例、变排量方法和加砂方式对裂缝高度影响的定量分析，最终得到适合于该区块的控缝高压裂工艺参数。

4.2.1 压裂排量对缝高的影响

分析以往压裂施工数据，E 区块排量一般选择在 2.5m³/min 左右。因此此次模拟排量对裂缝高度的影响选择排量范围为 1.0~3.5m³/min，由于从前面研究中认识到排量越大，裂缝高度越容易失控，因此，最终选择排量为 1.5~3.0m³/min。E 区块排量与裂缝高度的关系趋势如图 4.19 所示。

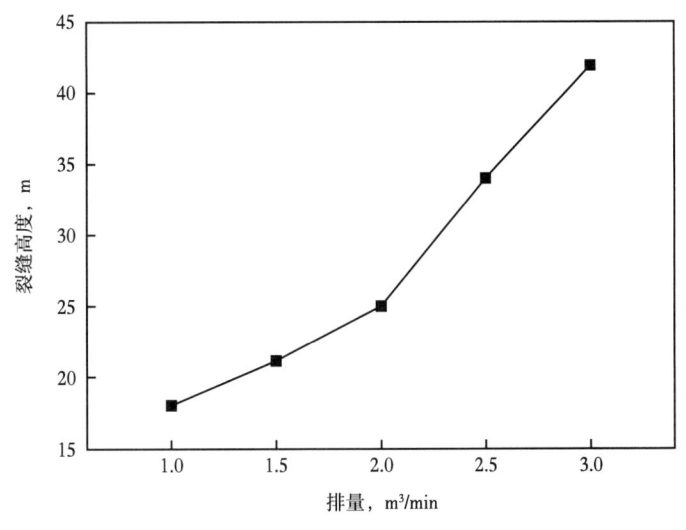

图 4.19 排量对裂缝高度的影响

从图 4.19 可以看出，排量越大裂缝高度越高，排量越小越有利于控制缝高，当排量在 1.5m³/min 以下时，液体在油管和裂缝中的线速度较低，不利于安全施工，因此不予以推荐。当排量超过 1.5m³/min 后，随着排量的增加裂缝高度延伸较快，当超过 2.0m³/min

后裂缝高度延伸趋势较慢，当排量超过 2.5m³/min 后裂缝高度延伸较快，推荐使用排量为 1.5~2.0m³/min。在安全施工的前提下，排量越低越好。当排量分别为 1.5m³/min、2m³/min、2.5m³/min、3m³/min 时的压裂裂缝如图 4.20 所示。

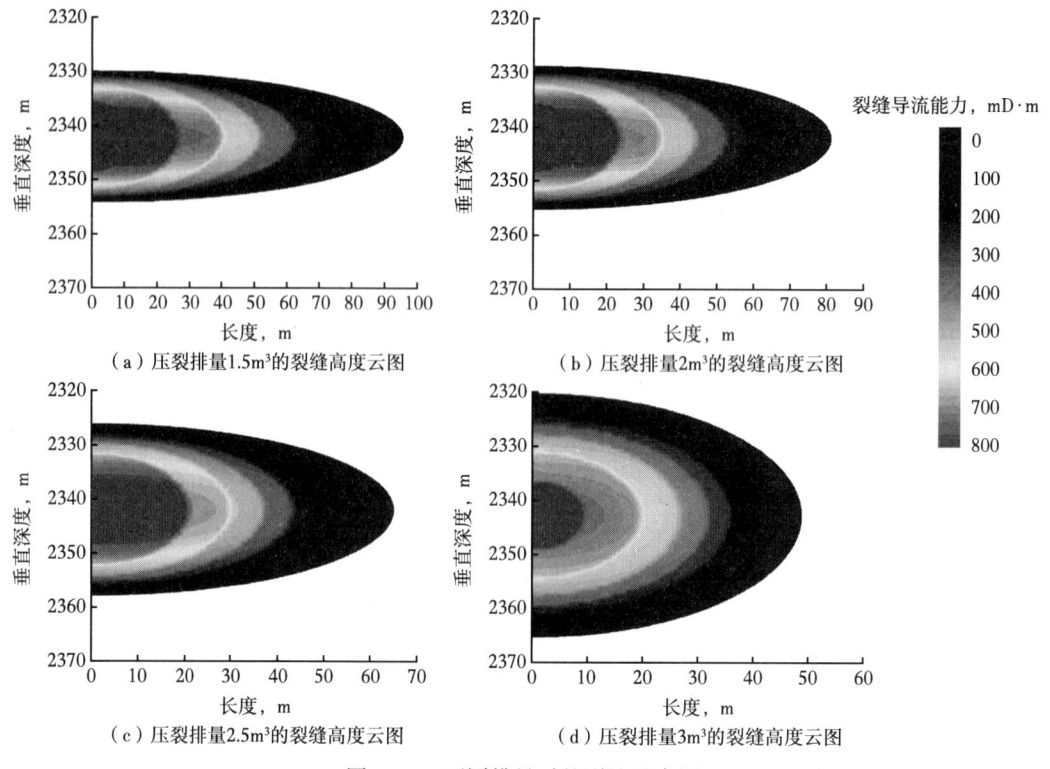

（a）压裂排量1.5m³的裂缝高度云图

（b）压裂排量2m³的裂缝高度云图

（c）压裂排量2.5m³的裂缝高度云图

（d）压裂排量3m³的裂缝高度云图

图 4.20　不同排量时的裂缝示意图

4.2.2　压裂液黏度对缝高的影响

压裂液黏度对于裂缝高度有着较大影响，黏度越小，裂缝高度越小，根据图 4.21，黏

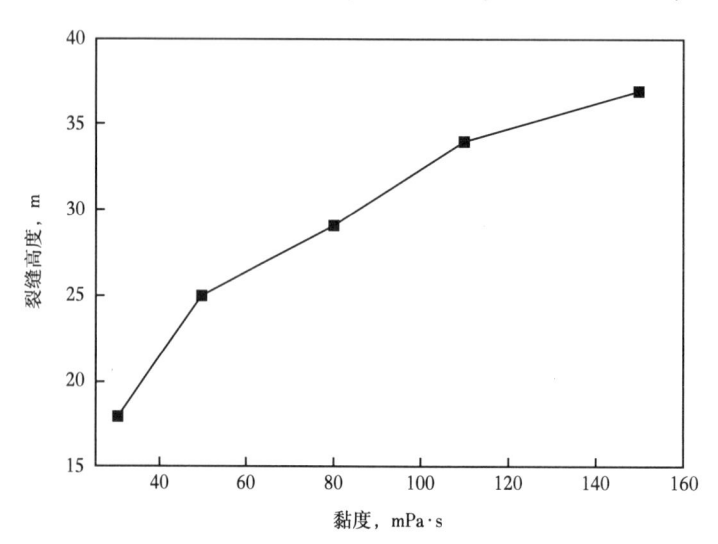

图 4.21　压裂液黏度对于裂缝高度的影响

度为30mPa·s时是个临界点，当低于该数值时，裂缝高度在20m之内，当高于此值时，裂缝高度有个较大的延伸。但是根据模拟结果看出，当压裂液黏度低于30mPa·s时，液体造缝效率下降，缝宽不足，容易脱砂。因此推荐造缝液体的黏度在50~110mPa·s为最佳。当液体黏度分别为50mPa·s、80mPa·s、110mPa·s、150mPa·s时的裂缝高度如图4.22所示。

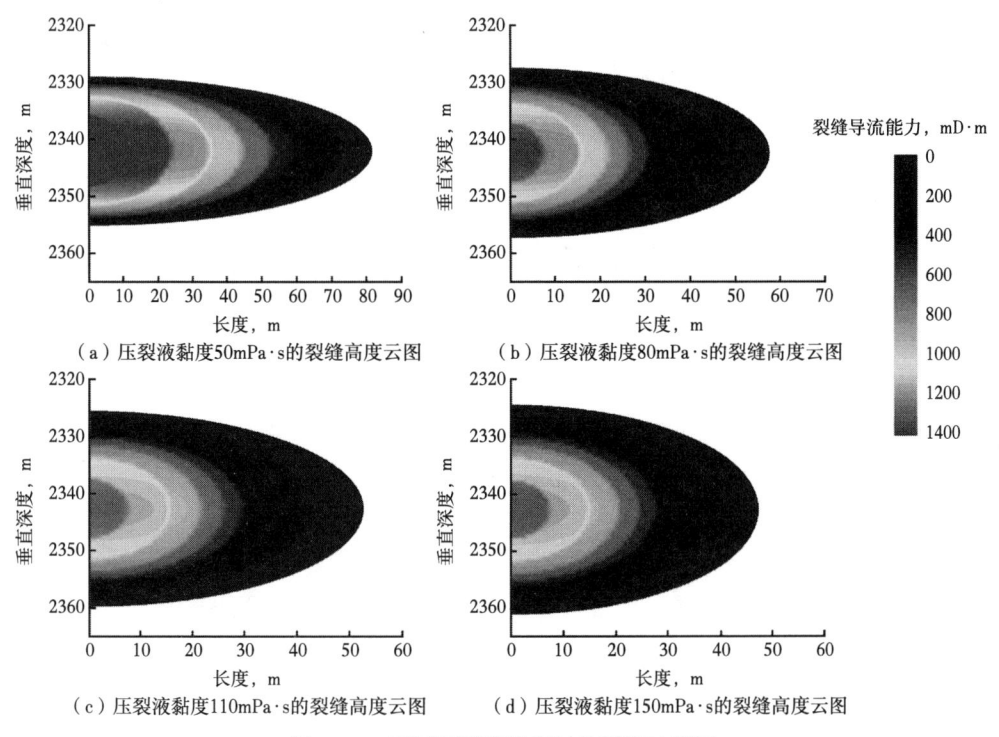

（a）压裂液黏度50mPa·s的裂缝高度云图　　（b）压裂液黏度80mPa·s的裂缝高度云图

（c）压裂液黏度110mPa·s的裂缝高度云图　　（d）压裂液黏度150mPa·s的裂缝高度云图

图4.22　不同压裂液黏度时的裂缝示意图

4.2.3　支撑剂量对缝高影响

由图4.23可知，支撑剂量对裂缝高度的影响总体上非常有限，当支撑剂量从12t增加到24t，即增加一倍时，裂缝高度只增加了10%，而当支撑剂量超过20t时，对裂缝高度

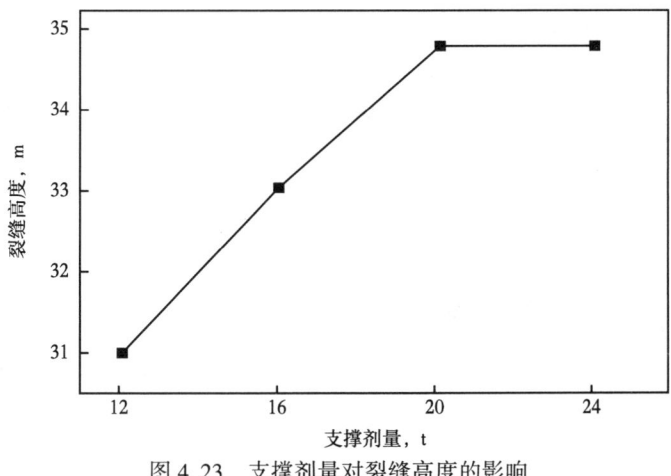

图4.23　支撑剂量对裂缝高度的影响

几乎不产生影响。因此可以在 E 区块增加支撑剂量，一方面因为增加支撑剂量对裂缝高度影响较小，另一方面，增加支撑剂量还有助于提高压裂裂缝中支撑剂的导流能力。

E 区块加砂规模偏小，结合该地区储层杨氏模量偏低，因此支撑剂的嵌入可能比较严重，而较小的加砂规模使得支撑剂的嵌入损害效果被放大，最终影响到裂缝的导流能力。例如 E-3215 井（2639~2642 m）压裂施工最高砂浓度为 5.0kg/m³。排量 2.3m³/min，压力为 39.9MPa 左右，注入液体 60m³，前置液 25m³，加砂 6t，顶替 9.5m³。

4.2.4　前置液量对缝高的影响

圣豪尔赫盆地 E 区块压裂施工总体规模较小，其前置液量也较少，在目前施工前置液量（12.5m³，前置液比例为 28.6%）的基础上，对比分析低于该值和高于该值不同前置液量下的裂缝长度。

从图 4.24 中可以看出，随着前置液量的增加裂缝高度增加较为明显，前置液使用量减少 2.0m³，其裂缝高度能够降低 4m 左右，而目前使用的前置液量（12.5m³，前置液比例为 28.6%）明显偏高，裂缝高度明显偏大。为避免造缝尺寸不充分，压裂过程脱砂，推荐该地区前置液量控制在 10~16m³，裂缝数值模拟图如 4.25 至图 4.27 所示。

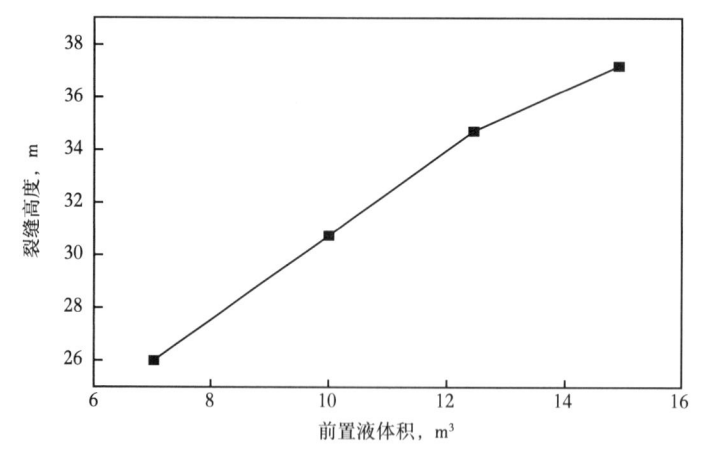

图 4.24　前置液量对裂缝高度的影响

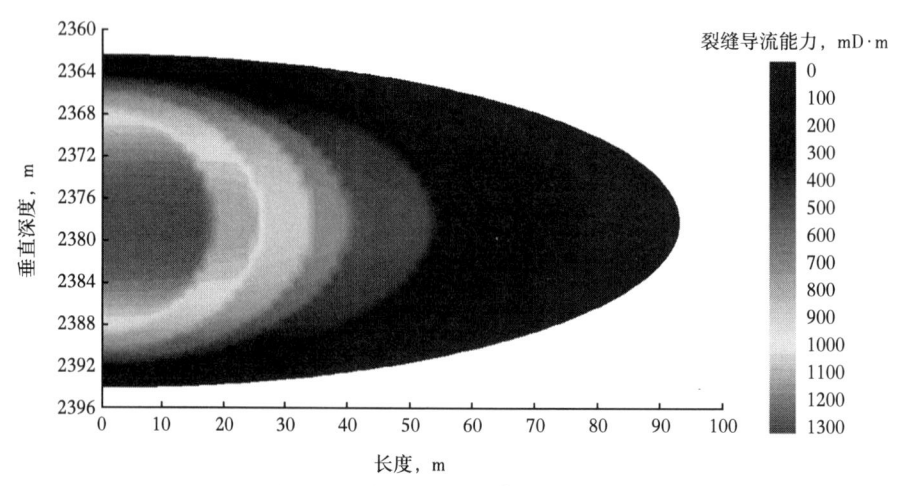

图 4.25　前置液量 10m³ 裂缝示意图

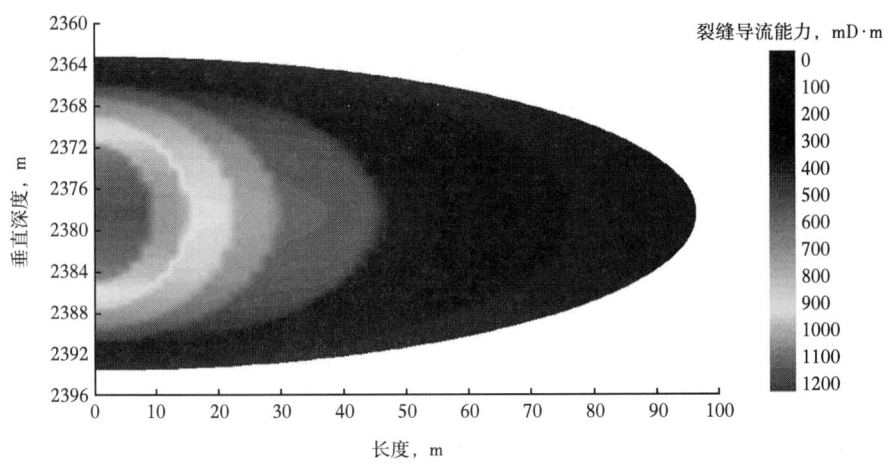

图4.26 前置液量12m³裂缝示意图

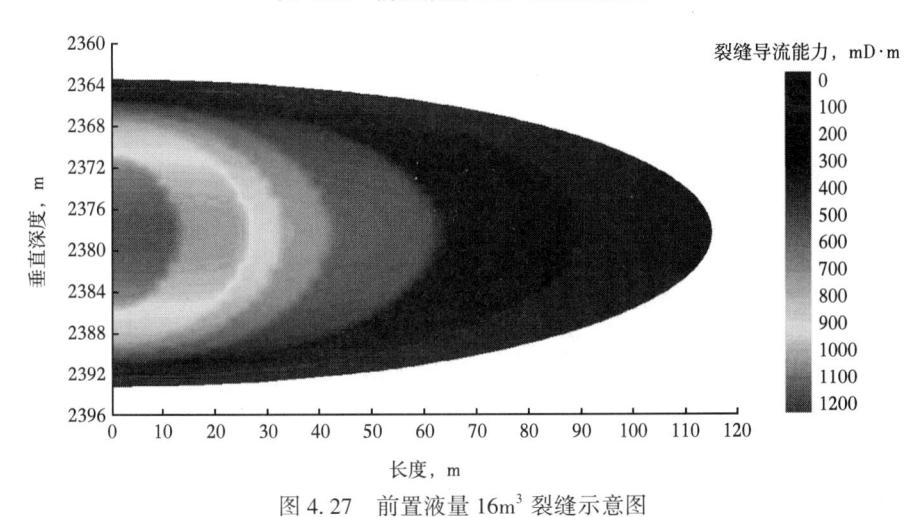

图4.27 前置液量16m³裂缝示意图

4.2.5 前置液比例对缝高的影响

通过模拟分析出该地区的推荐前置液量为10~16m³，取前置液量为8.0m³，以此为基础研究前置液比例（也就是施工液量规模）对裂缝高度的影响，具体影响趋势如图4.28所示。

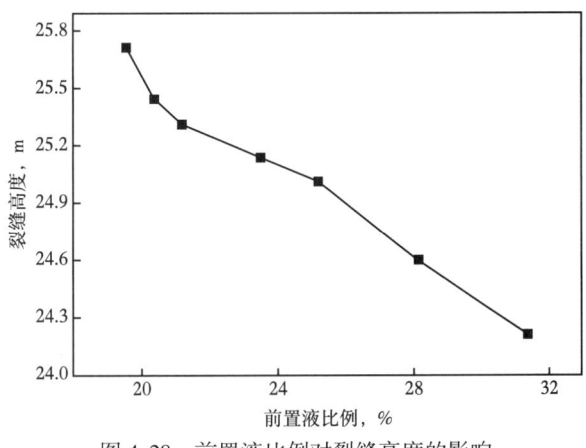

图4.28 前置液比例对裂缝高度的影响

液量规模越大（即前置液比例越低）裂缝高度越高，但是总体上携砂液的规模对裂缝高度的影响不是很明显。由于支撑剂规模对裂缝高度的影响较小，因此在E区块压裂施工中应选择较多的携砂液量和支撑剂规模，保证支撑裂缝有足够的导流能力并能保持长时间有效。

4.2.6 变排量工艺方法对缝高的影响

根据以往施工经验，薄互层压裂的时候可以采取变排量施工工艺，此举在一定程度上可以降低裂缝高度的过度延伸。图4.29为1.5m³/min单一注入排量、1.5~2.0m³/min一个台阶变排量方式、1.5~2.0~3.0m³/min两个台阶变排量方式以及1.5~3.0m³/min一个台阶变排量方式和加入控缝剂后的裂缝高度延伸情况。从图中可以看出，排量对裂缝高度延伸的影响比较明显，不管如何变排量施工，其裂缝高度延伸总是要比1.5m³/min单一注入排量的裂缝延伸高度大。另外在相同条件下（变排量施工1.5~3.0m³/min），通过加入支撑剂控制裂缝高度过度延伸，所产生的裂缝高度要比未加入时有所降低，但是降低幅度小。

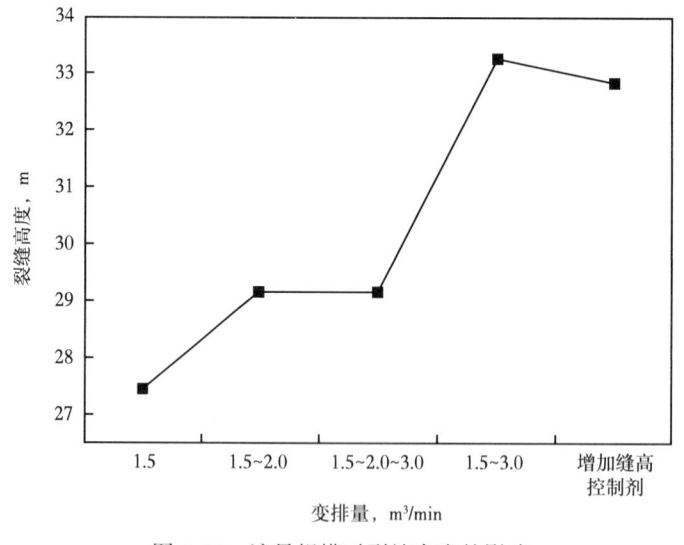

图4.29 液量规模对裂缝高度的影响

考虑到变排量施工工艺以及加入控缝剂等措施不仅增加了施工工艺的复杂性，另外还增加了成本，同时其降低缝高的作用相对不明显，因此不推荐在该地区使用控制裂缝高度支撑剂和变排量施工工艺。

4.2.7 加砂方式对缝高的影响

不同的加砂模式对于裂缝高度的影响如图4.30所示。

由图4.30可以看出，E区块目前采用的加砂模式多为线性连续加砂，阶梯式加砂、线性加砂、螺旋式加砂模式并未对裂缝高度产生明显的影响，而线性加砂模式在现场具有一定的操作不便利性和施工风险，因此在E区块推荐采用阶梯式的加砂模式。

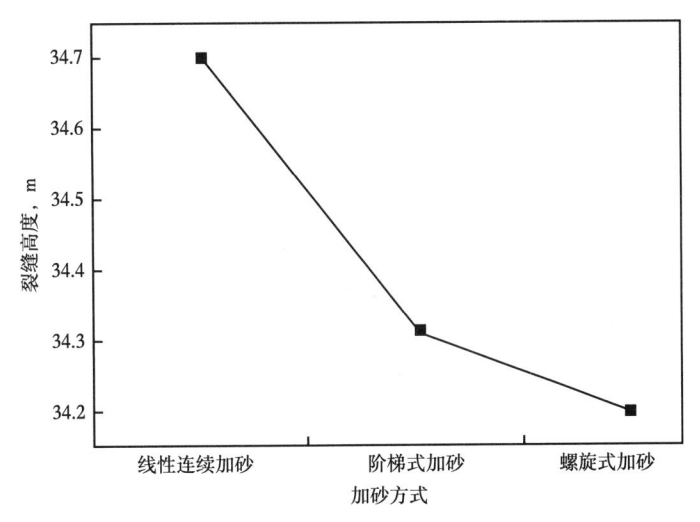

图4.30 加砂方式对裂缝高度的影响

4.2.8 薄互层压裂施工方案优化

以E区块储层物性参数为基础,参考E-4124井基础数据开展压裂施工方案优化。该井采用φ139.7mm套管完井,目的层段2505~2510.5m,厚度为5.5m,射孔层段2505~2510.5m,目的层为高含凝灰质砂岩,射孔段厚度为5.5m。压裂油管采用直径为73.0mm油管,内径为62.0mm,储层渗透率取0.1mD之间。图4.31至图4.33分别为三种泵注程序得到的相应的裂缝模拟图,压裂施工裂缝尺寸及支撑剂铺置浓度见表4.1。

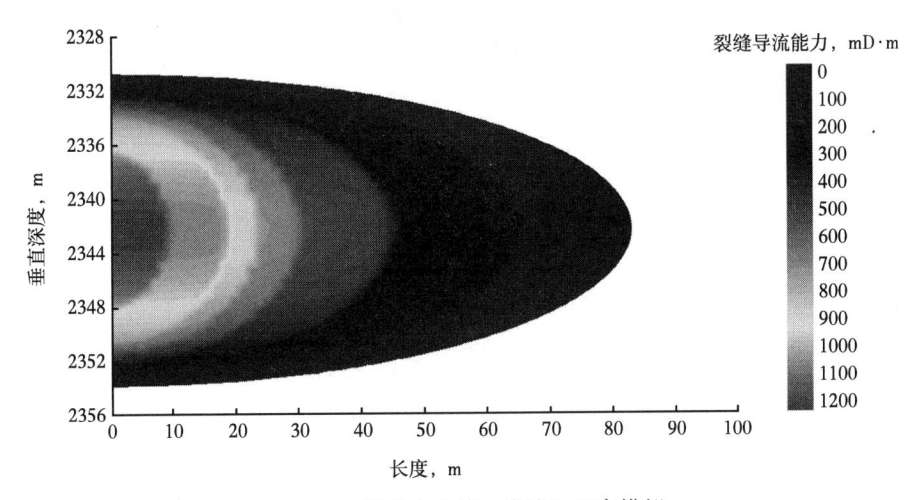

图4.31 基液作为前置液施工程序模拟

表4.1 裂缝参数统计

序号	支撑缝高,m	支撑缝长,m	支撑剂铺置浓度,kg/m³
基液	23	83	3.8
大砂量	26	90	5.1
清洁	24	85	4.2

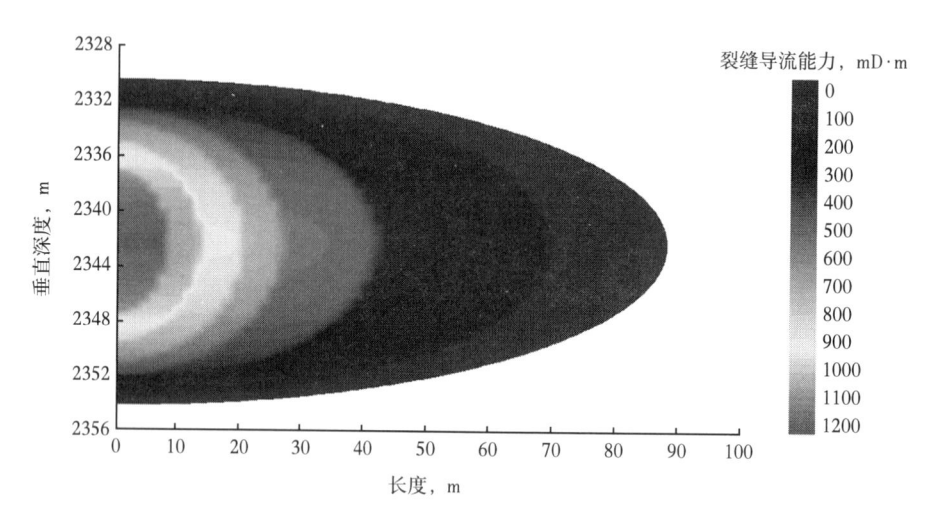

图 4.32 变排量施工程序模拟

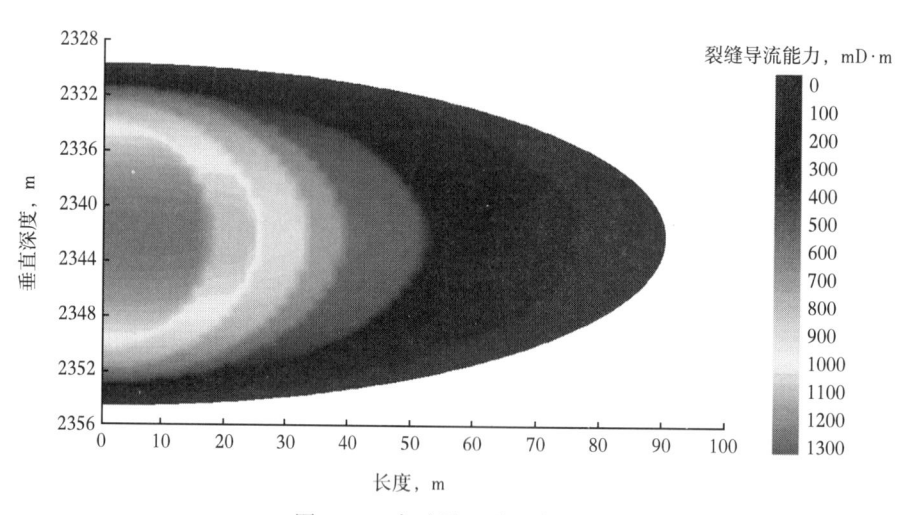

图 4.33 大砂量压裂程序模拟

通过对圣豪尔赫盆地地层的分析,围绕控制裂缝高度,尽可能提高改造储层体积并控制施工成本的思路,提出三种压裂优化方法分别为:基液作为前置液、变排量施工、大砂量压裂,泵注程序见附录1。

(1) 基液作为前置液施工程序:采用压裂液基液作为前置液,由于压裂液基液黏度低,在压裂造缝阶段,相比交联瓜尔胶液体而言采用压裂液基液能更好地控制裂缝高度,同时在压裂施工排量方面,将排量控制在 2.2m³/min 能够起到辅助控制裂缝高度的作用。压裂液体选用低伤害压裂液体,用于降低储层伤害及控制裂缝高度。经过压裂优化后,得到的压裂泵注程序见附录1,裂缝模拟结果为支撑裂缝高度43m,支撑裂缝长度88m。

(2) 变排量施工程序:依然采用压裂液基液作为前置液,用于控制裂缝高度,同时在该泵注阶段压裂排量为 1.5m³/min,进一步通过采用低排量泵注低黏度压裂液基液来综合控制裂缝高度。在进入携砂液阶段,提高压裂施工排量至 2.2m³/min,提高液体携砂能力,降低砂堵概率,同时起到控制裂缝高度的作用。压裂液体选用低伤害压裂液体,用于降低储层伤害及控制裂缝高度。经过压裂优化后,得到的压裂泵注程序见附录1,裂缝模拟结果为支撑裂缝高度41m,支撑裂缝长度100m。该压裂方式得到的裂缝高度及长度相比另外两种而言,为最优的方案。但是该方式不适用于渗透率高的储层。

(3)大砂量压裂施工程序:为增加储层压后的导流能力,增加支撑剂数量是最有效的方法。通过优化压裂泵注程序,在前置液阶段,需要采用交联液体在储层内制造大体积的裂缝,用于承载后续的大支撑剂量,压裂施工排量前置液阶段采用 $1.5m^3/min$,用于控制裂缝高度。同时在携砂液阶段通过提高支撑剂砂比,来增加泵入支撑剂数量,施工排量控制在 $2.2m^3/min$,控制裂缝高度。压裂液体选用低伤害压裂液体,用于降低储层伤害及控制裂缝高度。经过压裂优化后,得到的压裂泵注程序见附录1,裂缝模拟结果为支撑裂缝高度48m,支撑裂缝长度87m。该压裂方式得到的裂缝高度及长度相比另外两种而言,裂缝长度减少很多,裂缝高度较高,但压后裂缝的导流能力最高,在目的储层形成一个具有高导流能力的通道,且该方式不受储层渗透率大小的影响。

参 考 文 献

[1] 吕玮. 薄互层低渗透油藏分层压裂管柱研究与应用[J]. 特种油气藏,2015,22(4):140-143.

[2] 项琳娜,吴远坤,汪国辉,等. 特低渗透薄互层油藏整体压裂开发技术[J]. 特种油气藏,2014,21(6):138-140.

[3] 闫相祯,宋根才,王同涛,等. 低渗透薄互层砂岩油藏大型压裂裂缝扩展模拟[J]. 岩石力学与工程学报,2009,28(7):1425-1431.

[4] 金智荣,张华丽,周继东,等. 薄互层大型压裂组合加砂技术研究与应用[J]. 石油钻探技术,2013,41(6):86-89.

[5] 尹建,郭建春,曾凡辉. 低渗透薄互层压裂技术研究及应用[J]. 天然气与石油,2012,30(6):52-54,84.

[6] 卢修峰,邱敏,韩东,等. 低渗透薄互层多级分压简捷工艺[J]. 石油钻采工艺,2011,33(3):113-115,118.

[7] 罗宁,丁邦春,侯俊乾,等. 压裂裂缝高度的测井评价方法[J]. 钻采工艺,2009,32(1):43-45.

[8] 高印军,权咏梅,李全. 利用井温资料解释裂缝高度[J]. 油气井测试,2004(4):34-37.

[9] Davis E R,Zhu D,Hill A D. Interpretation of Fracture Height From Temperature Logs-The Effect of Wellbore/Fracture Separation[J]. Society of Petroleum Engineers,1997,12(2):119-124.

[10] 黄超,李威明,李雪原,等. 水力压裂缝高控制技术发展现状[J]. 西部探矿工程,2011,23(1):37-39.

[11] Mukherjee H,Paoli B F,McDonald T,et al. Successful Control of Fracture Height Growth by Placement of Artificial Barrier[J]. Society of Petroleum Engineers,1995.

[12] Ortiz A C,Hryb D E,Martínez J R,et al. Hydraulic Fracture Height Estimation in an Unconventional Vertical Well in the Vaca Muerta Formation[J]. Society of Petroleum Engineers,2016.

[13] 王飞,张士诚,侯腾飞. 多段压裂水平井压后评价方法对比研究[J]. 煤炭工程,2014,46(8):102-105.

[14] 张平,何志勇,赵金洲. 水力压裂净压力拟合分析解释技术研究与应用[J]. 油气井测试,2005(3):8-10.

[15] Gottschling J C. Marcellus Net Fracturing Pressure Analysis[J]. Society of Petroleum Engineers,2010.

[16] Minner W A,Wright C A,Dobie C A. Treatment Diagnostics and Net Pressure Analysis Assist with Fracture Strategy Evaluation in the Belridge Diatomite[J]. Society of Petroleum Engineers,1996.

[17] 宋毅,伊向艺,卢渊. 地应力对垂直裂缝高度的影响及缝高控制技术研究 [J]. 石油地质与工程,2008 (1): 75-77.

[18] 胡阳明,胡永全,赵金洲,等. 裂缝高度影响因素分析及控缝高对策技术研究 [J]. 重庆科技学院学报 (自然科学版), 2009 (1): 28-31.

[19] 李年银,赵立强,刘平礼,等. 裂缝高度延伸机理及控缝高酸压技术研究 [J]. 特种油气藏,2006 (2): 61-63.

[20] 郭大立,赵金洲,曾晓慧,等. 控制裂缝高度压裂工艺技术实验研究及现场应用 [J]. 石油学报,2002 (3): 91-94.

5 压裂液体系性能分析及优化

压裂液是压裂工艺技术的一个重要组成部分。其必要的液体性能要求为：足够的黏度以压开裂缝并且输送支撑剂；与地层配伍，以减少地层伤害；在完成支撑剂铺置并获得最大裂缝导流能力后，液体黏度必须降低，以便于压裂后期的返排。同时还要求压裂液体能够很好地控制液体滤失，泵送期间摩阻较低，且经济可行[1-4]。为达到上述要求，目前以瓜尔胶和瓜尔胶衍生物作为增稠剂的水基压裂液是国内外油田主要应用的产品[5-7]。同时合成聚合物（聚丙烯酰胺）压裂液、黏弹性表面活性剂压裂液、泡沫压裂液（CO_2和N_2）等得到发展，用于降低液体成本，减少压裂液体残渣对储层伤害和提高返排效率[8-11]。

5.1 阿根廷现用瓜尔胶压裂液性能评价

阿根廷圣豪尔赫油田对凝灰质砂岩储层所实施的压裂工艺的主体思路为：采用高黏度瓜尔胶携带高浓度支撑剂在目的层形成短宽裂缝，尽可能降低压裂液总体用量来克服瓜尔胶压裂液体残渣残留在支撑剂之间造成导流能力下降的缺陷[12-13]。为满足压裂改造工艺要求，压裂液体采用瓜尔胶作为增稠剂，添加剂多达10余种。该体系瓜尔胶依据压裂地层温度，体系配方主要分为适用于60℃、90℃和120℃三种。为评价该类液体对凝灰质砂岩储层的适用性，从阿根廷圣豪尔赫油田现场选取了用于90℃和120℃温度体系的增稠剂和交联剂。

5.1.1 室内实验

5.1.1.1 主要实验原料

GA-12瓜尔胶、GA-22瓜尔胶、XL-C交联剂和4C-FP交联剂。图5.1和图5.2为阿根廷圣豪尔赫盆地压裂施工用的瓜尔胶粉。

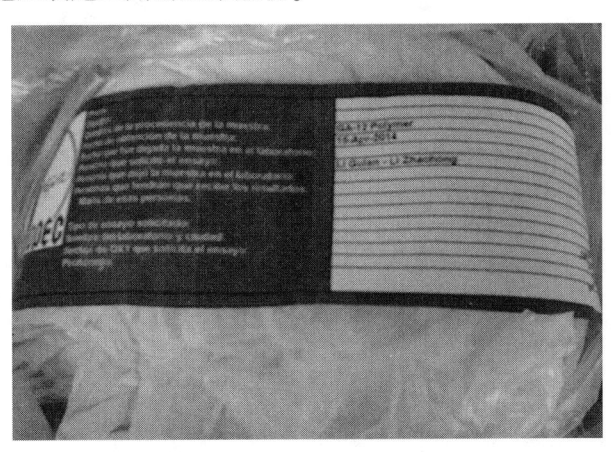

图5.1 90℃瓜尔胶增稠剂

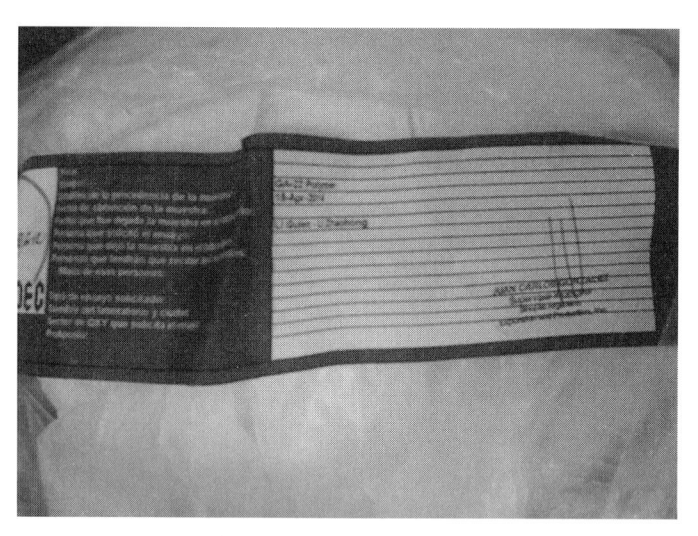

图 5.2　120℃瓜尔胶增稠剂

5.1.1.2　主要实验仪器

HAAKE MARSⅢ型流变仪，德国 Thermo Fisher 公司；MCR102 流变仪，Anton Paar 公司；ZNN-D12 型数显旋转黏度计，中国青岛宏祥石油机械制造有限公司；IKA RW20 digital 数显型顶置式机械搅拌器，德国艾卡公司。

5.1.1.3　压裂液基液制备

（1）中温瓜尔胶压裂液制备。

向一定量的水中加入 0.35%GA-12 瓜尔胶，充分搅拌 30 min，再加入 0.2%~0.6%的 4C-FP 交联剂，充分搅拌 1min（图 5.3）。采用 ZNN-D12 型数显旋转黏度计测定压裂液基液黏度为 18mPa·s。

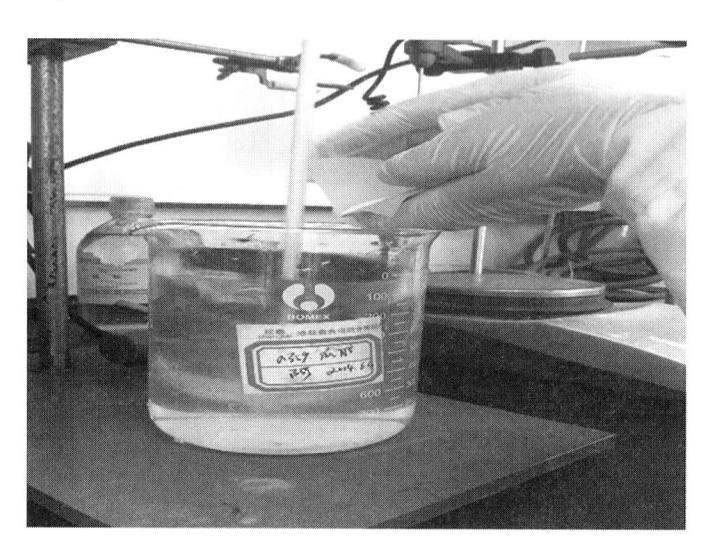

图 5.3　瓜尔胶压裂液基液配制过程

（2）高温瓜尔胶压裂液制备。

向一定量的水中加入 0.5%GA-22 瓜尔胶，充分搅拌 30min，再加入 0.3%~0.6%的

XL-C 交联剂，充分搅拌 1min（图 5.4）。采用 ZNN-D12 型数显旋转黏度计测定压裂液基液黏度为 54mPa·s。

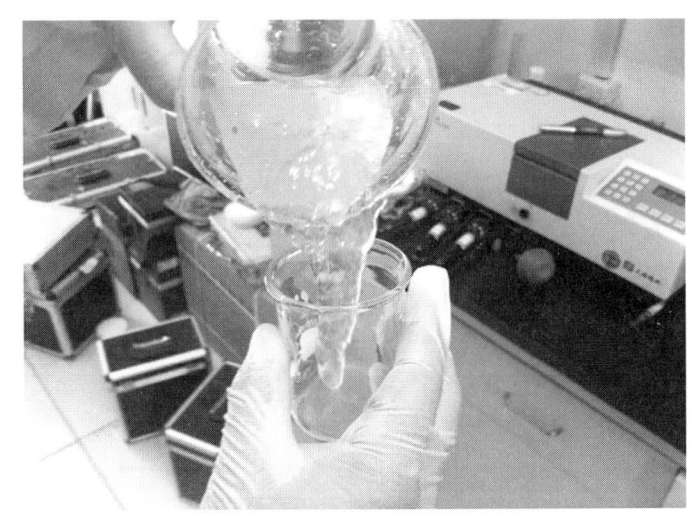

图 5.4　瓜尔胶压裂液冻胶

5.1.2　压裂液流变实验

5.1.2.1　瓜尔胶压裂液流变实验

采用 HAAKE MARS Ⅲ 型流变仪和 MCR102 流变仪评价压裂液的流变性能，流变仪程序设定分以下 3 步：25℃稳定 5 min；以 3℃/min 的升温速率从 25℃开始升温至指定温度；稳定温度直至实验结束。按照《水基压裂液性能评价方法》（SY/T 5107—2005）对瓜尔胶压裂液流变性能进行评价。

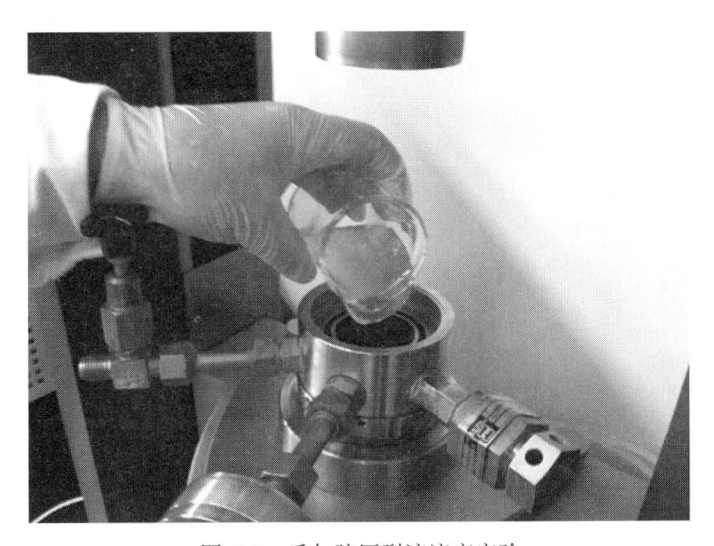

图 5.5　瓜尔胶压裂液流变实验

5.1.2.2　中温瓜尔胶压裂液耐温耐剪切实验

保持温度 100℃和 0.35%GA-12 瓜尔胶不变，考察 0.2%~0.6% 的 4C-FP 交联剂对中温瓜尔胶压裂液表观黏度的影响。结果如图 5.6 至图 5.8 所示。

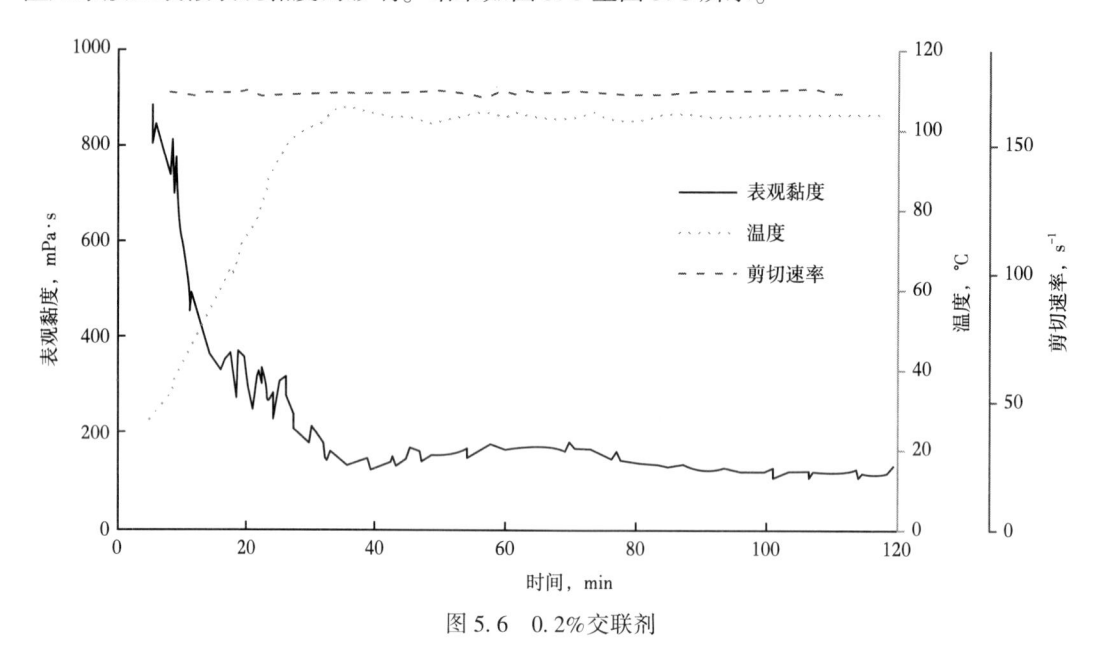

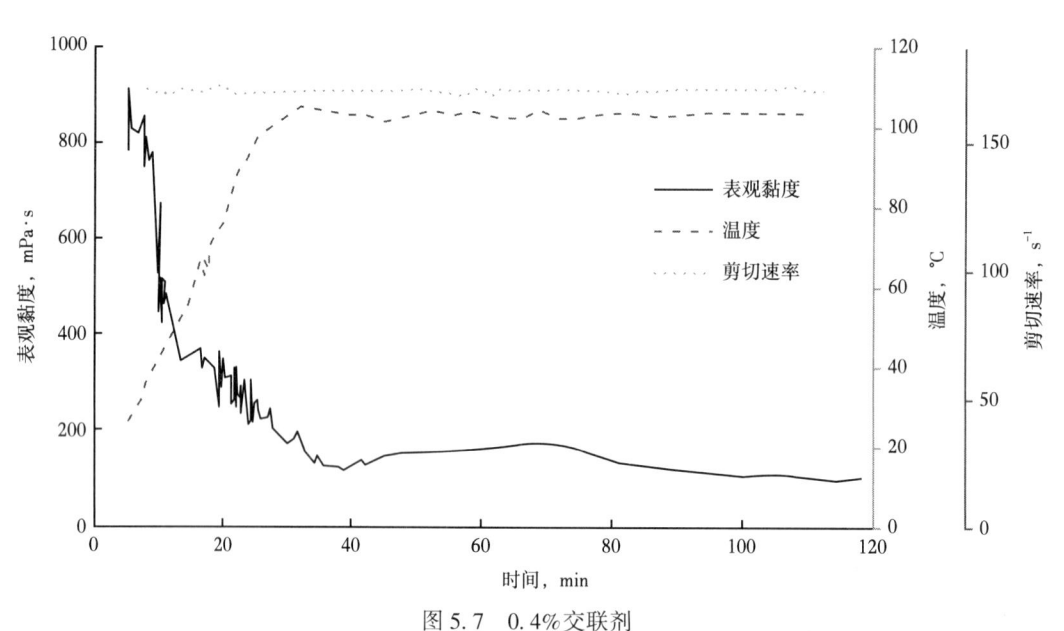

图 5.6 0.2%交联剂

图 5.7 0.4%交联剂

由图 5.6 至图 5.8 可知，当交联剂浓度为 0.2%时，中温瓜尔胶压裂液尾黏为 100mPa·s；当交联剂浓度为 0.4%时，中温瓜尔胶压裂液尾黏为 120mPa·s；当交联剂浓度为 0.6%时，中温瓜尔胶压裂液尾黏为 180mPa·s。随着交联剂浓度的增加，中温瓜尔胶压裂液尾黏增加。依据行业标准，结果表明：在 100℃条件下，当交联剂的浓度大于或者等于 0.4%时，表观黏度大于 50mPa·s，符合行业标准要求，表现出良好的耐温耐剪切性能。综上所述，最佳交联剂的浓度为 0.4%。

图 5.8　0.6%交联剂

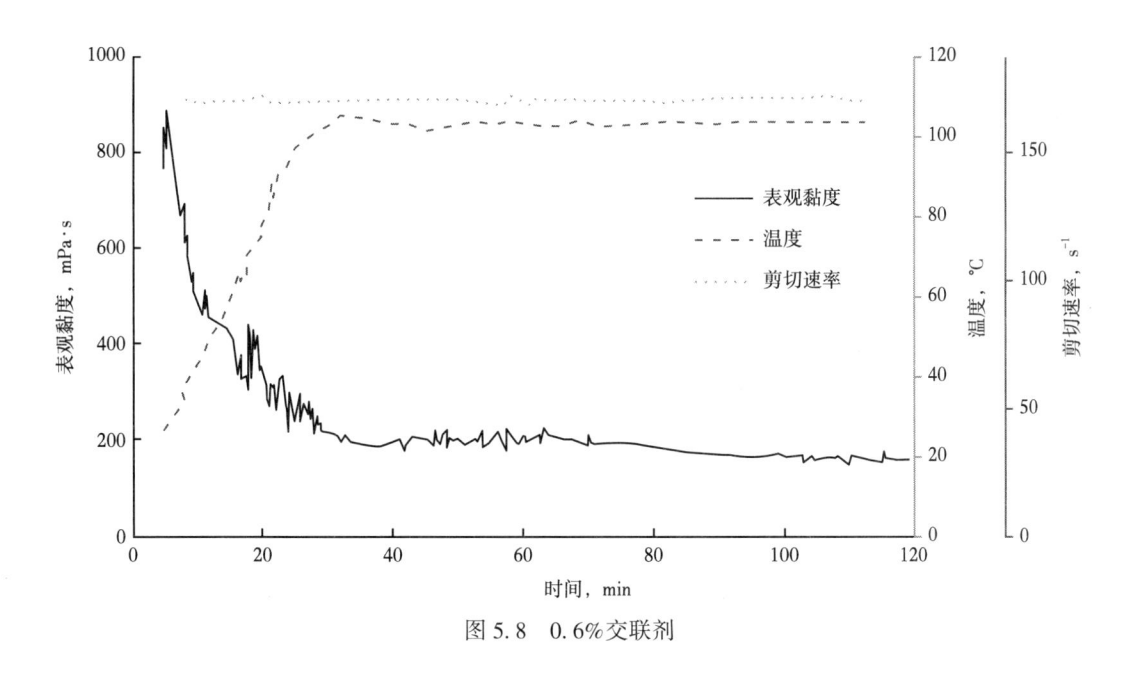

5.1.2.3　高温瓜尔胶压裂液耐温耐剪切实验

保持温度120℃和0.5%GA-12瓜尔胶不变,考察0.3%~0.6%的交联剂对高温瓜尔胶压裂液表观黏度的影响。结果如图5.9至图5.11所示。

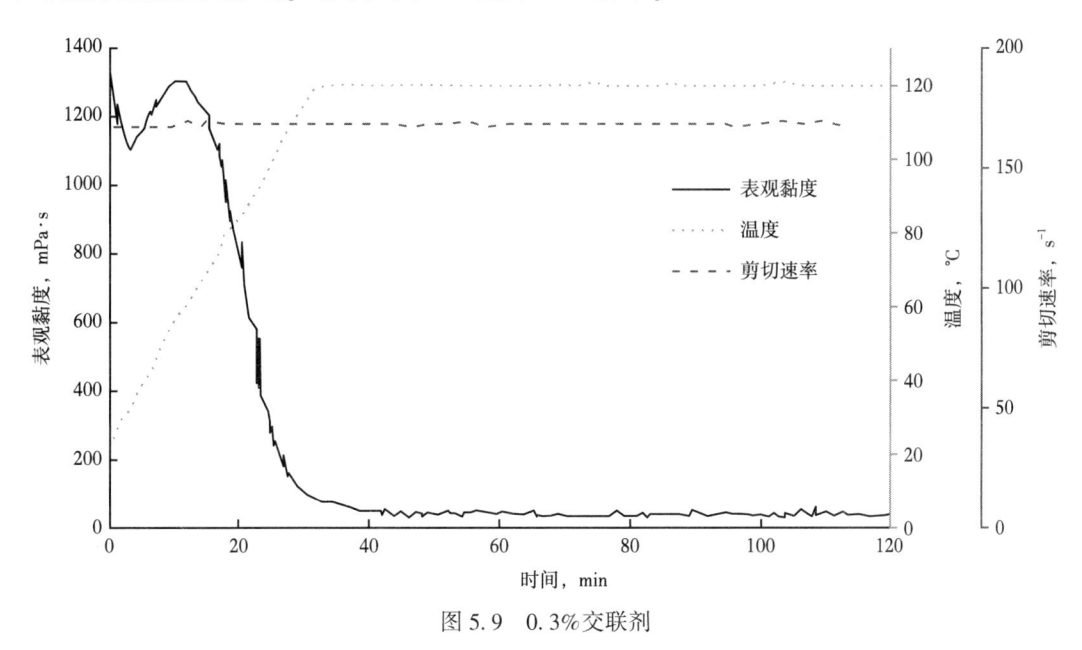

图 5.9　0.3%交联剂

由图5.9至图5.11可知,当交联剂浓度为0.3%时,高温瓜尔胶压裂液尾粘为40mPa·s;当交联剂浓度为0.4%时,高温瓜尔胶压裂液尾黏为32mPa·s;当交联剂浓度为0.5%时,高温瓜尔胶压裂液尾黏为25mPa·s;当交联剂浓度为0.6%时,高温瓜尔胶压裂液尾黏为22mPa·s。随着交联剂浓度的增加,高温瓜尔胶压裂液尾黏变化不明显。依据行业标准,结果表明:在120℃条件下,当交联剂的浓度为0.3%~0.6%时,表观黏度均小于50mPa·s,

不符合行业标准要求，耐温耐剪切性能有待进一步提高。

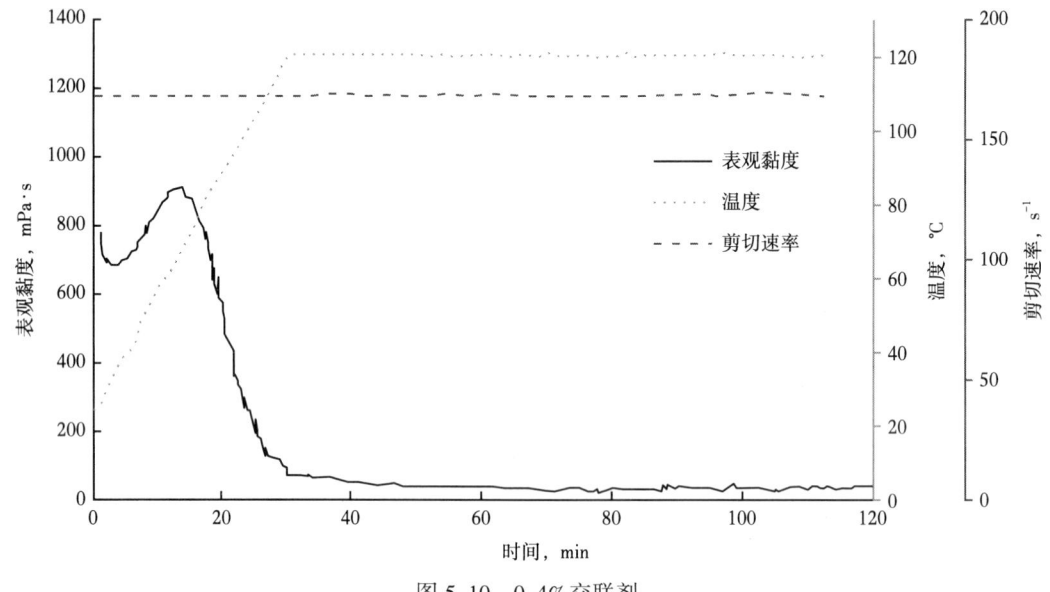

图 5.10　0.4%交联剂

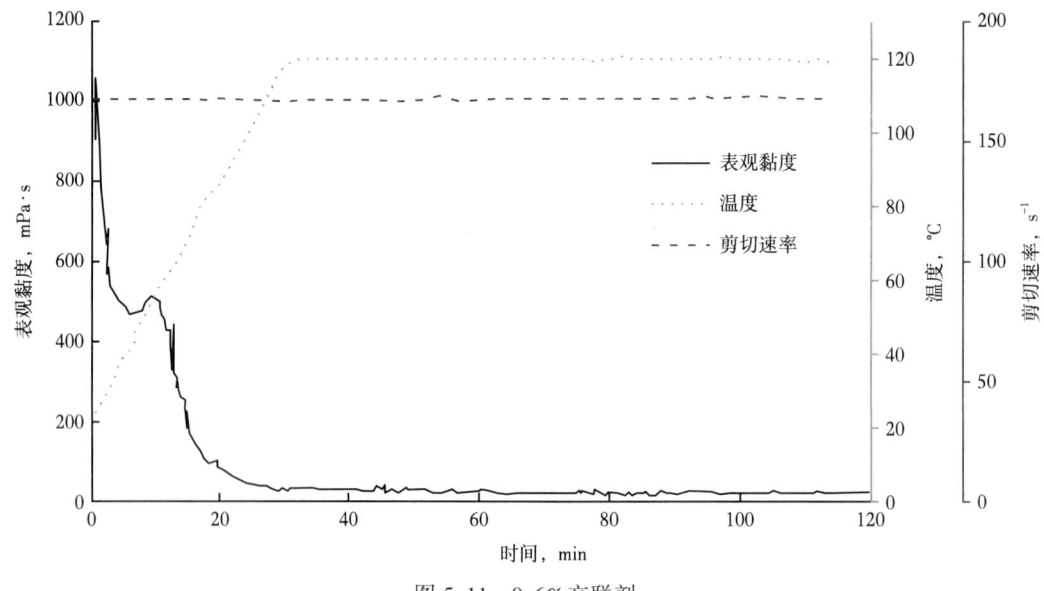

图 5.11　0.6%交联剂

5.1.3　压裂液残渣分析

压裂液残渣含量的计算公式为：

$$\eta = \frac{m}{V} \tag{5.1}$$

式中　η——压裂液残渣含量，mg/L；
　　　m——残渣质量，mg；
　　　V——压裂液用量，L。

取一定量的瓜尔胶压裂液（图 5.12），置于 80℃的恒温水浴中，加入一定量的破胶剂（过硫酸铵），做破胶实验。将 50mL 压裂液置于 120℃干燥箱中，恒温 2h，取出后置于转速为 3000r/min 的离心机中离心 30min。将上层清液倒出后，留下残渣，将残渣置于 105℃干燥箱中干燥 2h，称量残渣质量。

由表 5.1 可以看出，瓜尔胶压裂液残渣含量很高，这会对压裂形成的充填层造成堵塞性伤害，降低裂缝的有效导流能力。

图 5.12 瓜尔胶压裂液破胶液照片

表 5.1 瓜尔胶压裂液残渣实验数据

瓜胶	交联剂	离心前质量，g	离心后质量，g	残渣含量，mg/L
120℃瓜尔胶	0.2%XL-C	12.3998	12.4425	997
	0.4%XL-C	12.3912	12.6701	630
	0.6%XL-C	11.9701	12.2048	531
90℃瓜尔胶	0.3%4C-FP	12.4131	12.4201	161
	0.4%4C-FP	12.4015	12.4164	348
	0.5%4C-FP	12.3854	12.5201	306
	0.6%4C-FP	12.3790	12.4013	413

5.1.4 瓜尔胶压裂液岩心伤害性能评价

选取直径为 2.5cm、长度为 7.8cm 的人造岩心，采用高温高压酸化滤失仪，按照 SY/T 5107—2005 中的评价方法，测定压裂液滤液对岩心基质的伤害率，计算公式为：

$$\eta_d = \frac{K_1 - K_2}{K_1} \times 100\% \tag{5.2}$$

式中 η_d——岩心基质伤害率，%；

K_1——岩心挤压裂液滤液前的基质渗透率，D；

K_2——岩心挤压裂液滤液后的基质渗透率，D。

将中温瓜尔胶压裂液及高温瓜尔胶压裂液按照以下方法进行配制及破胶，然后进行过滤。

5.1.4.1　中温瓜尔胶压裂液

（1）配液方法。

将0.35%的GA-12瓜尔胶缓慢添加到自来水中，搅拌30min，然后加入0.4%的4C-FP交联剂，搅拌1min形成冻胶。

（2）冻胶破胶液。

在冻胶中添加0.05%的过硫酸铵破胶剂，在80℃条件下破胶2h（图5.13、图5.14）。

图5.13　中温瓜尔胶压裂液破胶液

图5.14　中温瓜尔胶压裂液滤液

5.1.4.2　高温瓜尔胶压裂液

（1）配液方法。

将0.5%的GA-22瓜尔胶缓慢添加到自来水中，搅拌30min，然后加入0.4%的XL-C交联剂，搅拌1min形成冻胶。

（2）冻胶破胶液。

在冻胶中添加0.05%的过硫酸铵破胶剂，在80℃条件下破胶2h（图5.15、图5.16）。

图5.15　高温瓜尔胶压裂液破胶液

图5.16　高温瓜尔胶压裂液滤液

采用法国进口岩心伤害实验仪器和人造岩心进行定量分析（图5.17、图5.18）。

（1）实验步骤。

①伤害前岩心渗透率K_1测定：将岩心安装至高温高压岩心伤害仪器中，以一定流量注入含KCl的盐水，使盐水从岩心夹持器正向端挤入岩心进行驱替，直至流量及压差稳定，稳定时间不少于60min。

②损害过程：将压裂液滤液从岩心正向端挤入岩心，当滤液开始流出时计量滤失量，测定时间36min，关闭夹持器两端阀门，使滤液在岩心中停留2h。

③损害后岩心渗透率K_2测定：保持同样流量注入含KCl的盐水，使盐水从岩心夹持器正向端挤入岩心进行驱替，直至流量及压差稳定，稳定时间不少于60min。

图 5.17 岩心驱替伤害试验仪

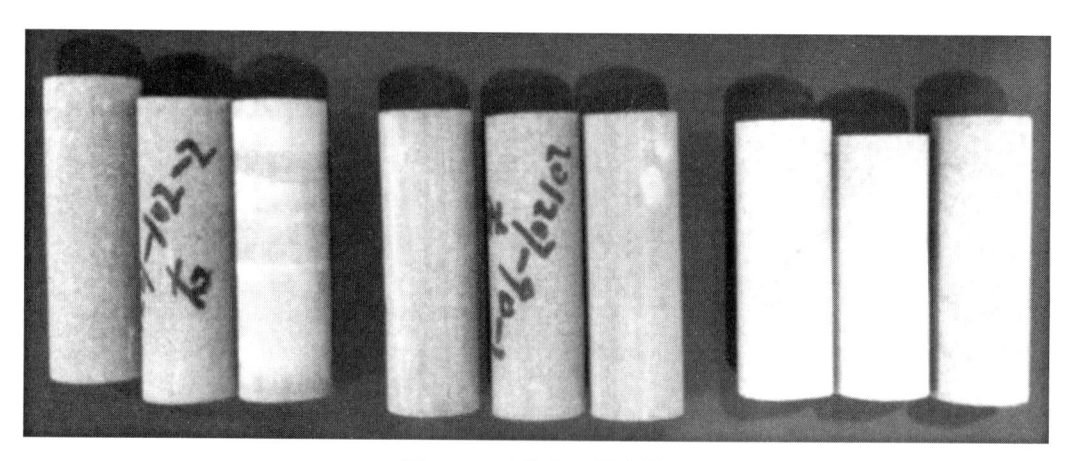

图 5.18 人造岩心示意图

（2）实验条件。

围压：20MPa；温度：70℃。

（3）实验结果。

由表 5.2 可知，中温瓜尔胶压裂液滤液对高渗透率岩心的伤害率相对较小，为 42.3%，对于低渗透率岩心（10mD 以下），中温瓜尔胶滤液对岩心的伤害率增加，达到 50% 以上，两块岩心伤害率相差不大，说明滤液对 1~10mD 岩心伤害率在 50% 左右。

表 5.2 中温瓜尔胶压裂液滤液伤害实验数据

岩心	岩心渗透率 mD	伤害前流量 mL/min	伤害前压差 MPa	伤害后流量 mL/min	伤害后压差 MPa	伤害率 %
1	79	5	0.15	5	0.26	42.3%
2	5.1	2	1.02	1	1.08	52.7%
3	2.1	0.5	0.61	0.5	1.23	50.4%

由表5.3可知，高温瓜尔胶压裂液滤液对岩心的伤害随着渗透率的减小而增加，4.3mD岩心伤害率达到56.8%，0.9mD岩心伤害率达到57.4%，该数值与4.3mD岩心伤害相差不大，高温瓜尔胶压裂液的伤害率比中温瓜尔胶压裂液的伤害率要高。

表5.3 高温瓜尔胶压裂液滤液伤害实验数据

岩心	岩心渗透率 mD	伤害前流量 mL/min	伤害前压差 MPa	伤害后流量 mL/min	伤害后压差 MPa	伤害率 %
1	13.2	5	0.12	5	0.26	52.3
2	4.3	1	0.22	1	0.51	56.8
3	0.9	0.5	1.44	0.5	3.42	57.4

5.1.5 小结

阿根廷中温瓜尔胶压裂液在100℃耐温性能良好，高温瓜尔胶压裂液120℃耐温性能有待进一步提高。高温和中温瓜尔胶压裂液平均残渣含量分别为719mg/L和307mg/L，该残渣含量相对较高。压裂液滤液岩心伤害实验表明，高温瓜尔胶压裂液对岩心的伤害程度比中温瓜尔胶压裂液的高，且均高于50%，目前的压裂液不适合圣豪尔赫油田。

5.2 清洁聚合物压裂液研究

以天然植物胶及其衍生物为主的压裂液体具有耐温性能好和成本低等优点，其缺点是易生物降解、水不溶物含量高、破胶不彻底和伤害大等[14-16]，因此研发可替代天然植物胶及其衍生物的压裂液是目前国内外研究的方向。清洁聚合物压裂液具有良好的耐温、耐盐和耐剪切性能，破胶后几乎无残渣，压裂液滤液对岩心基质伤害小等优点。该类型压裂液目前在压裂施工现场得到了越来越广泛的应用[17-21]。将增稠剂（SRFP-1）、交联剂（SRFC-1）、黏度稳定剂（SRCS-1）和助排剂（SRCU-1）进行优化配比，得到工业品制备的清洁聚合物（SRFP）压裂液。

SRFP-1是以丙烯酰胺、丙烯酸钠等为原料，按照溶液聚合法制备成凝胶，再经过造粒、干燥、粉碎和过筛操作后得到的一种白色粉末状固体；SRFC-1是一种不含金属元素的低分子化合物；SRCS-1是一种分子季铵盐化合物；SRCU-1是一种氟碳类表面活性剂。

5.2.1 室内实验

5.2.1.1 主要实验仪器

HAAKE MARSⅢ型流变仪，德国Thermo Fisher公司；ZNN-D12型数显旋转黏度计，中国青岛宏祥石油机械制造有限公司；IKA RW20 digital数显型顶置式机械搅拌器，德国艾卡公司。

5.2.1.2 压裂液制备

首先向一定量的水中加入不同剂量的黏土稳定剂，充分搅拌2~3min，再加入一定量的SRFP-1，充分搅拌5~10min，再加入一定比例的SRCS-1和SRCU-1，搅拌1min，制备SRFP压裂液基液。向上述基液中加入SRFC-1，搅拌1min形成用于不同温度条件下的SRFP压裂液。

5.2.1.3 实验方法

采用 HAAKE MARS Ⅲ 型流变仪评价压裂液的流变性能，流变仪程序设定分以下 3 步：25℃稳定 5 min；以 3℃/min 的升温速率从 25℃开始升温至 120℃；稳定 120℃直至实验结束。按照《水基压裂液性能评价方法》（SY/T 5107—2005）对流变性能进行评价。

5.2.2 压裂液表观黏度优化分析

5.2.2.1 增稠剂浓度对表观黏度的影响

保持温度 120℃和交联剂 0.1%不变，考察不同增稠剂浓度对 SRFP 压裂液表观黏度的影响。结果如图 5.19 所示。

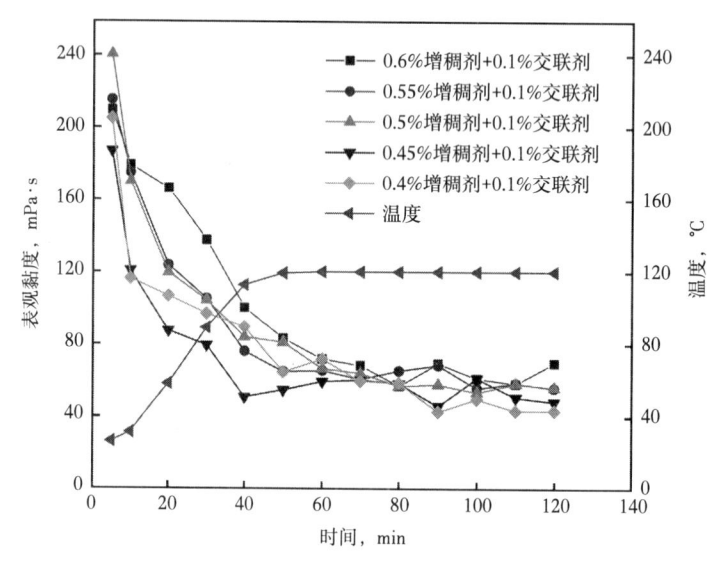

图 5.19 SRFP 压裂液的表观黏度随增稠剂浓度变化规律

120℃，170s^{-1}，剪切 2h，交联剂浓度为 0.1%

由图 5.19 可知，当增稠剂的浓度为 0.6%时，表观黏度为 69mPa·s；当增稠剂的浓度为 0.55%时，表观黏度为 55mPa·s；当增稠剂的浓度为 0.5%时，表观黏度为 56mPa·s；当增稠剂的浓度为 0.45%时，表观黏度为 48mPa·s；当增稠剂的浓度为 0.4%时，表观黏度为 43mPa·s。依据行业标准，结果表明：在 120℃条件下，当增稠剂的浓度大于或者等于 0.5%时，表观黏度大于 50mPa·s，符合行业标准要求；当增稠剂的浓度小于 0.5%时，表观黏度小于 50mPa·s，不符合行业标准要求。由于增稠剂的浓度直接决定压裂液的实际应用成本，因此选择压裂液增稠剂的最佳浓度为 0.5%。

5.2.2.2 交联剂浓度对表观黏度的影响

保持温度 120℃和增稠剂 0.5%不变，考察不同交联剂浓度对 SRFP 压裂液表观黏度的影响。结果如图 5.20 所示。

由图 5.20 可知，当交联剂的浓度为 0.25%、0.2%、0.15%和 0.1%时，表观黏度都大于 50mPa·s，符合行业标准；当交联剂的浓度为 0.08%时，表观黏度小于 50mPa·s，不符合行业标准。结果表明：抗 120℃的 SRFP 压裂液体系中交联剂的最佳浓度为 0.1%。

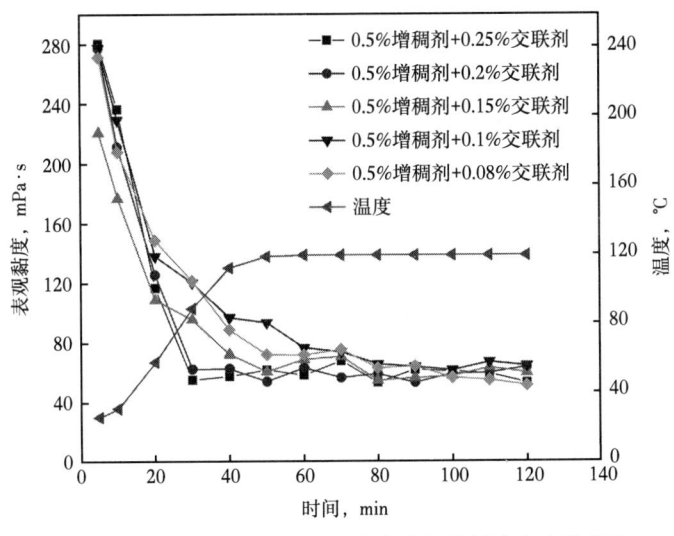

图 5.20 SRFP 压裂液的表观黏度随交联剂浓度变化规律

120℃，170s^{-1}，剪切 2h，增稠剂浓度为 0.5%

5.2.2.3 KCl 含量对表观黏度的影响

保持温度 120℃、增稠剂浓度 0.5%、交联剂浓度 0.1%不变，考察不同 KCl 含量对 SRFP 压裂液表观黏度的影响。结果见表 5.4 和图 5.21。

表 5.4 SRFP 压裂液的基液黏度随 KCl 含量的变化规律

溶胀时间，h	基液黏度，mPa·s				
	0%	0.5%	1%	1.5%	2%
0.5	48	54	66	45	33

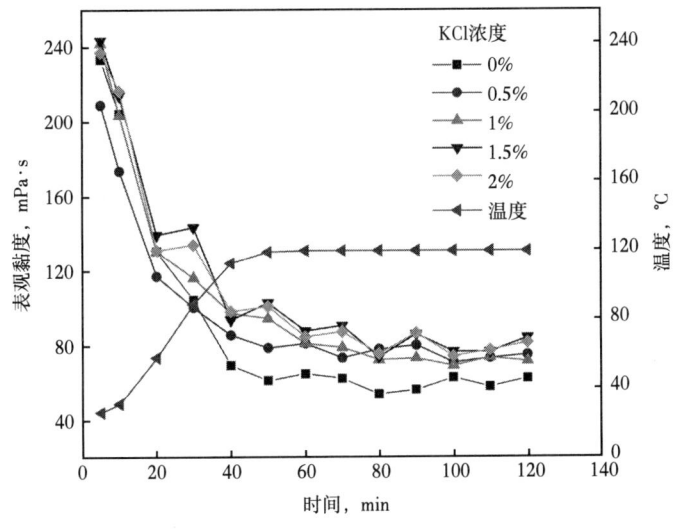

图 5.21 SRFP 压裂液的表观黏度随 KCl 含量变化规律

120℃，170s^{-1}，剪切 2h，增稠剂浓度为 0.5%，交联剂浓度为 0.1%

129

由表5.4可知，SRFP压裂液中KCl含量对基液黏度影响较大。当KCl含量小于1%时，随着KCl含量的增加，SRFP压裂液的基液黏度增加；当KCl含量大于1%时，随着KCl含量的继续增加，SRFP压裂液的基液黏度减小。这是因为疏水缔合聚合物分子结构中带有部分长链烷烃，其在盐水中的溶解度比在纯水中的溶解度小，加入一定量的盐后疏水缔合聚合物分子间的缔合作用大于分子内的缔合作用，导致聚合物分子中的长链烷烃会聚集或缠结在一起，起到增稠作用；但是加入盐的量过多，分子内的缔合效应大于分子间的缔合效应，因而基液黏度呈现下降趋势。由图5.21可知，不同KCl含量配制的SRFP压裂液体系，表观黏度均大于50mPa·s，符合行业标准。考虑将KCl加入到压裂液中，能起到良好的防膨效果，所以选择KCl含量为1%。

5.2.2.4 温度对表观黏度影响

保持增稠剂浓度0.5%，交联剂浓度0.1%和KCl含量1%不变。考察不同温度对SRFP压裂液表观黏度的影响。结果如图5.22所示。

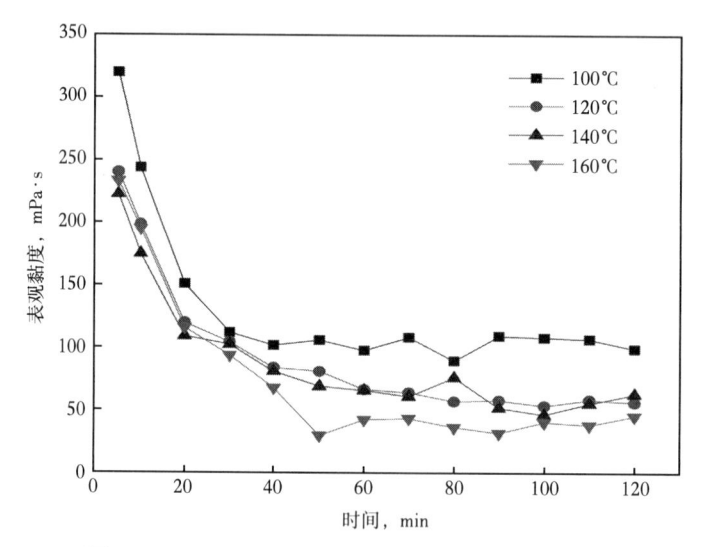

图5.22 SRFP压裂液的表观黏度随温度的变化规律

170s^{-1}，剪切2h，增稠剂浓度为0.5%，交联剂浓度为0.1%，KCl含量1%

由图5.22可知，当温度为100℃时，表观黏度为99mPa·s；当温度为120℃时，表观黏度为56mPa·s；当温度为140℃时，表观黏度为62mPa·s；当温度为160℃时，表观黏度为45mPa·s。结果表明：SRFP压裂液体系耐温性能可以达到140℃。

5.2.2.5 溶胀时间对表观黏度的影响

保持增稠剂浓度0.5%，交联剂浓度0.1%和KCl含量1%不变。考察基液溶胀时间对表观黏度的影响。结果如图5.23所示。

由图5.23可知，当溶胀时间为0.5h时，表观黏度为55mPa·s；当溶胀时间为2h时，表观黏度为58mPa·s；当溶胀时间为4h时，表观黏度为62mPa·s；当溶胀时间为6h时，表观黏度为60mPa·s；当溶胀时间为8h时，表观黏度为56mPa·s。上述结果均符合行业标准。结果表明：溶胀时间对SRFP压裂液流变性能的影响不显著，因此该压裂液现场应用过程中，选择溶胀时间为0.5h。

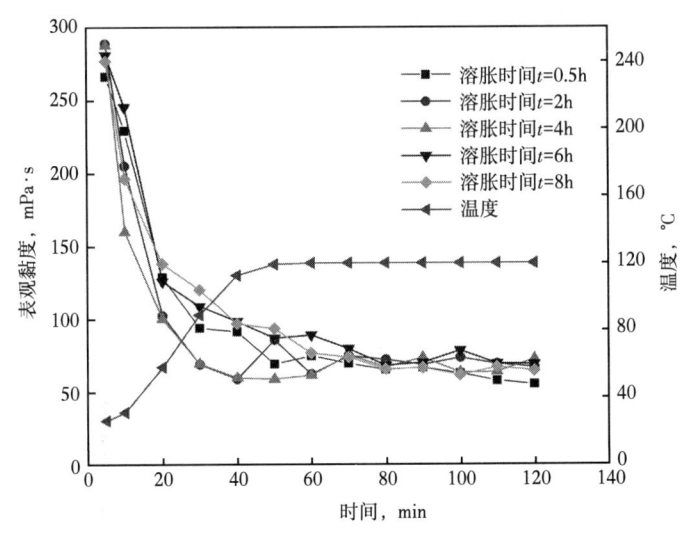

图 5.23 SRFP 压裂液的表观黏度随溶胀时间的变化规律

170s^{-1}，剪切 2h，增稠剂浓度为 0.5%，交联剂浓度为 0.1%，KCl 含量 1%

5.2.3 其他相关性能分析

5.2.3.1 耐温性能测试

随着温度升高，一方面疏水缔合聚合物分子热运动加剧，导致溶液非结构黏度下降；另一方面促使分子链间的缔合作用增加，导致溶液结构黏度增加。疏水缔合聚合物压裂液的耐温耐剪切性能由这两个方面共同作用。本研究保持 SRFP-1 增稠剂质量分数 0.5%，SRFC-1 交联剂质量分数 0.1% 和 KCl 质量分数 1% 不变，考察不同温度对 SRFP 压裂液表观黏度的影响。结果如图 5.24 所示。

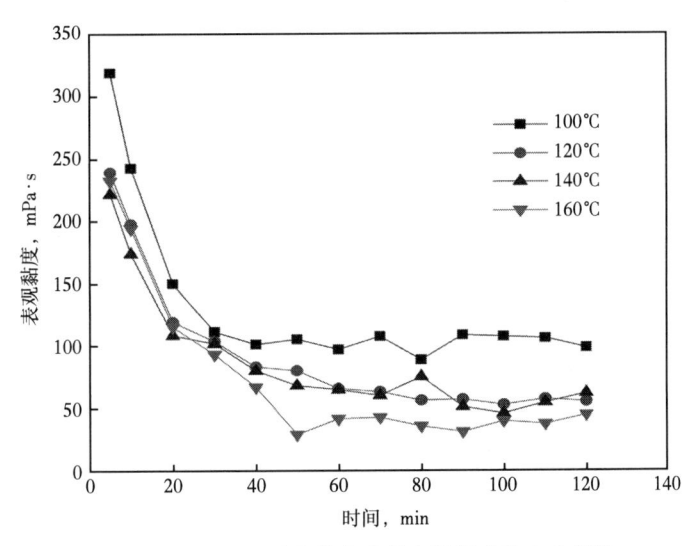

图 5.24 SRFP 压裂液的表观黏度随温度的变化规律

由图 5.24 可知，当温度为 140℃ 时，表观黏度为 62mPa·s；当温度为 160℃ 时，表观黏度为 45mPa·s。依据行业标准，结果表明：SRFP 压裂液体系耐温性能可以达到 140℃。

实验现象解释为疏水缔合作用是一个吸热过程，温度缓慢上升，疏水缔合聚合物分子热运动加剧，溶液非结构黏度下降，宏观表现为表观黏度随着温度的升高而降低。随着温度继续升高，分子间的缔合作用增强，宏观表现为表观黏度的降低趋于稳定，该压裂液表现出良好的耐温性能。

5.2.3.2 静态悬砂性能

压裂液的悬砂性能指压裂液对支撑剂的悬浮能力。悬砂能力越强，压裂液所能携带的支撑剂粒度和砂比越大，携入裂缝的支撑剂分布越均匀。如果悬砂能力太差，容易形成砂堵，造成压裂施工失败。以增稠剂质量分数0.6%，交联剂质量分数0.15%，KCl质量分数1%配制SRFP压裂液体系，按照40%砂比（体积比）称量20/40目陶粒。结果表明，24h和48h沉降速度分别为$4.6×10^{-4}$mm/s和$6.9×10^{-4}$mm/s（图5.25）。国外有报道认为，压裂液静态悬砂实验中砂子的自然沉降速率小于$8×10^{-3}$mm/s时，悬砂性能较好。因此，SRFP压裂液具有良好的携砂性能。现场压裂施工过程中，压裂液在井筒和裂缝中流动时，由于存在剪切作用（压裂液经过炮眼时的剪切速率可以达到$12000s^{-1}$），使得现场压裂施工中陶粒的沉降速度远低于实验室测量的静态沉降速度，这更有利于提高压裂液携带支撑剂的能力。

（a）t=24h　　　　（b）t=48h

图5.25　静态悬砂实验

5.2.3.3 破胶性能及残渣分析

性能良好的压裂液不仅要求具有良好的流变性能和悬砂性能等，还必须具有良好的破胶水化性能，以提高压裂液的返排率，减少对储层的伤害。在80℃水浴锅中，向120℃、90℃和60℃地层温度的交联压裂液体中加入不同质量的破胶剂（过硫酸铵），质量分数分别为0.01%、0.02%、0.03%、0.04%和0.05%。分析破胶液黏度随过硫酸铵浓度的变化规律，结果见表5.5；采用K100型全自动表面界面张力仪测定破胶液的表面张力，结果如图5.26所示。

表5.5　压裂液破胶性能评价

液体温度 ℃	破胶液表观黏度，mPa·s					
	0.01%	0.02%	0.03%	0.04%	0.05%
120	11.8	8.75	5.49	4.87	2.7
90	4.47	2.36	2.23	1.98	1.64
60	2.84	1.82	1.98	1.54	1.34

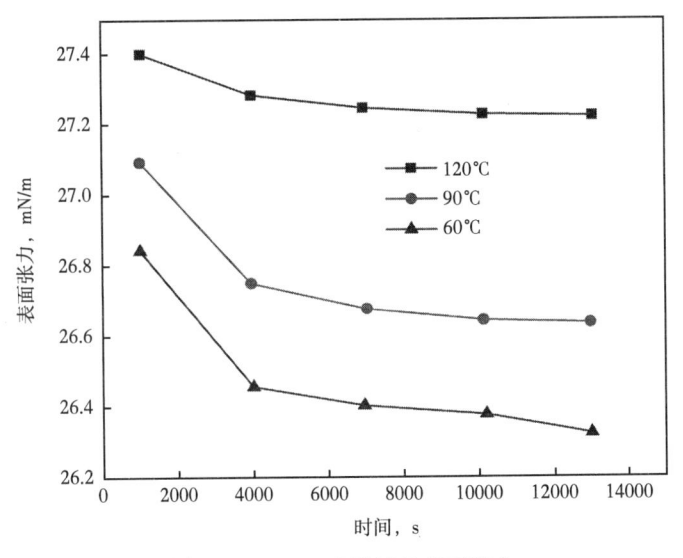

图 5.26　SRFP 破胶液的表面张力

由表 5.5 可知，在 80℃实验条件下，对于适用于地层温度为 60℃的 SRFP 压裂液体系，当过硫酸铵加入量为 0.01%时，破胶时间为 1h，破胶液的表观黏度为 2.84mPa·s。由图 5.26 可知，SRFP 破胶液的平均表面张力为 26.5mN/m，符合行业标准（SY/T 6376—2008）要求。由于 SRFP 破胶液的表面张力较低，有利于克服水锁及贾敏效应，降低毛细管阻力，增加破胶液的返排能力。将破胶液（图 5.27）高速离心 60min，烘干后称

图 5.27　破胶液照片

量离心管内的残渣含量,用万分之一天平称量离心前后 $m_2-m_1 \approx 0$,表明该体系基本无残渣。

5.2.3.4 静态滤失性能

压裂液的滤失受自身黏度、在地层中流体的黏弹性以及地层流体的造壁性能及配伍性影响。一种理想的压裂液应该具有较低的滤失量,才能在地层中形成延伸的裂缝。以增稠剂质量分数0.6%,交联剂质量分数0.15%,KCl质量分数1%配制SRFP压裂液体系进行静态滤失实验,结果见表5.6。SRFP压裂液初滤失量为 $1.289\times10^{-2}m^3/m^2$,滤失系数为 $8.47\times10^{-4}m/min^{0.5}$,滤失速率为 $2.63\times10^{-4}m/min$,上述数据符合行业标准(SY/T 6376—2008)要求,结果表明该压裂液体系能有效降低滤失。

表5.6 SRFP压裂液静态滤失实验

压裂液	初滤失量,m^3/m^2	滤失系数,$m/min^{0.5}$	滤失速率,m/min
SRFP压裂液	1.289×10^{-2}	8.47×10^{-4}	2.63×10^{-4}
SY/T 6376—2008标准	$\leq 5\times10^{-2}$	$\leq 9\times10^{-3}$	$\leq 1.5\times10^{-3}$

5.2.3.5 岩心基质伤害实验

压裂液滤液对岩心基质的伤害以岩心渗透率的变化来表征,影响因素主要有岩心的矿物组成、岩心渗透率大小和压裂液破胶程度等。本研究利用高温高压酸化滤失仪测定压裂液滤液对岩心基质的渗透率的影响,从而计算伤害率。岩心基质伤害实验结果见表5.7。SRFP压裂液滤液对岩心基质伤害前的渗透率为3.9mD,伤害后渗透率为3.5mD,式(5.2)计算伤害率为10.25%,符合行业标准(SY/T 6376—2008)要求。文献报道,有机硼交联的羟丙基瓜尔胶压裂液(HPG)的伤害率为35.1%。由此可见,SRFP压裂液滤液对储层的伤害远远小于HPG对储层的伤害。

表5.7 SRFP压裂液对岩心基质伤害实验

岩心	岩心渗透率 mD	伤害前流量 mL/min	伤害前压差 MPa	伤害后流量 mL/min	伤害后压差 MPa	伤害率 %
1	9	4	0.12	4	0.133	10.25
2	6.2	2	0.22	2	0.25	12.10
3	2	0.7	1.44	0.7	1.64	12.59

5.2.3.6 降阻率实验

为了有利于压裂液造缝和携砂,通常需要较高的泵注排量,在高排量下压裂液的摩阻问题需要解决。地层破裂压力为一定值时,压裂液摩阻越大,要求压开地层造缝的地面设备的泵压越高,因此现场压裂施工过程中要求压裂液摩阻损失尽可能低。清洁压裂液增稠剂可以作为高分子降阻剂,少量加入可以使管道中流体的湍流流动阻力减少50%甚至80%(图5.28、图5.29)。

由图5.28可知,随着SRFP-1增稠剂浓度从0.05%增加到0.15%,降阻效果表现为增加幅度逐渐减小。这是因为SRFP-1增稠剂能在管道内形成弹性底层,随着浓度从0.05%增加到0.1%,弹性底层变厚,降阻效果变好。当SRFP-1增稠剂浓度增加到0.1%

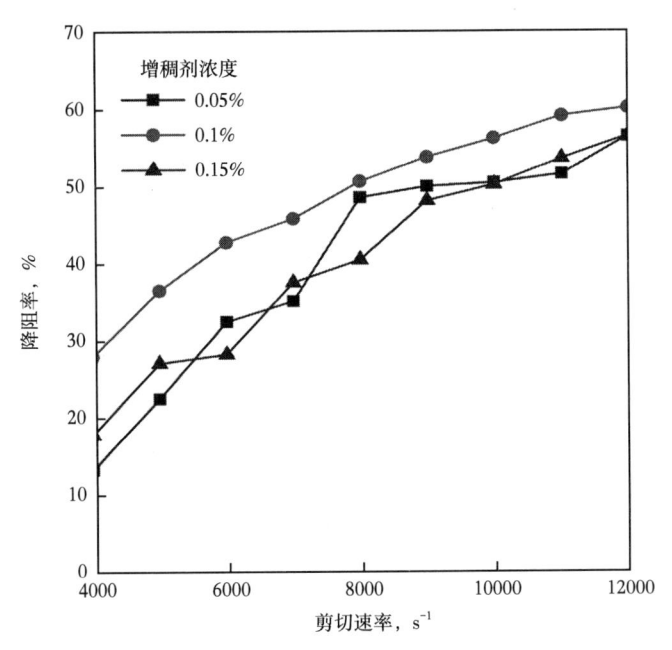

图 5.28　不同浓度 SRFP-1 增稠剂的降阻率随剪切速率的变化规律

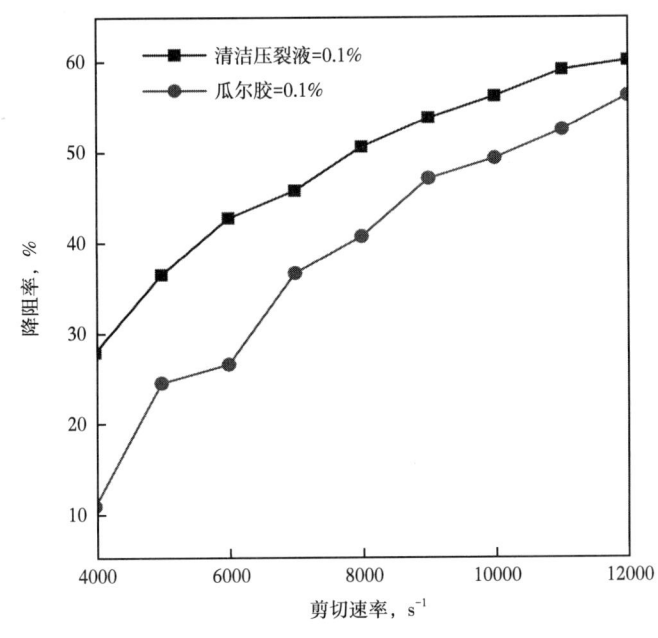

图 5.29　SRFP-1 增稠剂和瓜尔胶的降阻率随剪切速率的变化规律

后,弹性底层达到管轴心,降阻率达到最大值。由图 5.29 可知,随着剪切速率的增加,SRFP-1 增稠剂和瓜尔胶的降阻效果增加,当剪切速率增加到 12000s^{-1} 时,SRFP-1 增稠剂的降阻率为 60.1%,瓜尔胶的降阻率为 56.2%。结果表明:SRFP-1 增稠剂降阻效果明显好于瓜尔胶,该增稠剂在现场施工过程中,更有利于降低地面设备泵压。

5.2.4 小结

试验表明新型低伤害压裂液，当砂比为40%时，24h和48h内的沉降速率分别为4.6×10^{-4}mm/s和6.9×10^{-4}mm/s，携砂性能良好；对于SRFP低伤害压裂液体系，在80℃破胶剂加入量为0.01%时，破胶时间为1h，破胶液黏度为3.84mPa·s，破胶液平均表面张力为26.5mN/m，表面张力小；通过岩心伤害实验表明，低伤害压裂液破胶液无残渣，对岩心渗透率伤害低于15%。整体而言，低伤害压裂液体系可以很好地适用于阿根廷低渗透高含凝灰质油藏的压裂增产改造。

参 考 文 献

[1] 罗攀登，张俊江，鄢宇杰，等. 耐高温低浓度瓜胶压裂液研究与应用[J]. 钻井液与完井液，2015，32（5）：86-88.

[2] Ihejirika B, Dosunmu A, Eme C. Performance Evaluation of Guar Gum as a Carrier Fluid for Hydraulic Fracturing [J]. Society of Petroleum Engineers，2015.

[3] Montgomery C. Fracturing Fluids. International Society for Rock Mechanics and Rock Engineering.

[4] Jennings A R. (1996, July 1). Fracturing Fluids-Then and Now. Society of Petroleum Engineers.

[5] Montgomery C. Fracturing Fluid Components [M] //Effective and Sustainable Hy draulic Fracturing，2013.

[6] Bundrant C O, Matthews T A. (1955, January 1). Friction Loss of Fracturing Fluids. Society of Petroleum Engineers.

[7] Harris P C, Heath S J. High-Quality Foam Fracturing Fluids [J]. Society of Petroleum Engineers，1996.

[8] Hai Q, Liancheng R, Wenhao H. et al. Successful Application of Clean Fracturing Fluid Replacing Guar Gum Fluid to Stimulate Tuffstone in San Jorge Basin, Argentina [J]. Society of Petroleum Engineers，2018.

[9] Yin Z, Wang Y. Reduced the Adsorption of Guar Based Hydraulic Fracturing Fluids in the Formation [J]. Society of Petroleum Engineers，2018.

[10] Maley D M, O Neil, B J. Breaker Enhancer for Crosslinked Borates: Novel Self Generating Acid [J]. Society of Petroleum Engineers，2010.

[11] Lei C, Clark P E. Fracturing-Fluid Crosslinking at Low Polymer Concentration [J]. Society of Petroleum Engineers，2005.

[12] AlMubarak T A, AlKhaldi M H, Panda S K, et al. Insights on Potential Formation Damage Mechanisms Associated with Hydraulic Fracturing [C]. International Petroleum Technology Conference，2015.

[13] Russell A, Singh D, Schnoor E. Effects of Alternative Water Sources on Formation and Proppant Pack Damage Reduction Properties of Near-residue-free Fracturing Fluid [J]. Society of Petroleum Engineers，2014.

[14] Cramer D D, Woo G T, Dawson J C. Development and Implementation of a Low-Polymer-Concentration Crosslinked Fracturing Fluid for Low-Temperature Applications [J]. Society of Petroleum Engineers，2004.

[15] 郭建春，何春明. 压裂液破胶过程伤害微观机理[J]. 石油学报，2012，33（6）：1018-1022.

[16] 刘平礼，张璐，邢希金，等. 瓜胶压裂液对储层的伤害特性[J]. 油田化学，2014，31（3）：334-338.

[17] 林蔚然，黄凤兴，伊卓. 合成水基压裂液增稠剂的研究现状及展望[J]. 石油化工，2013，42（4）：451-456.

[18] 闫永萍，樊君，胡晓云，等. EA-Q缔合聚合物压裂液的性能评价[J]. 化学研究与应用，2014，

26(8):1365-1368.
[19] 张锋三,沈一丁,任婷,等.聚丙烯酰胺压裂液减阻剂的合成及性能[J].精细化工,2016,33(12):1422-1427.
[20] 张林,沈一丁,杨晓武,等.聚丙烯酰胺压裂液流变行为影响因素研究[J].精细化工,2013,30(11):1264-1268.
[21] 张玉广,张浩,王贤君,等.新型超高温压裂液的流变性能[J].中国石油大学学报(自然科学版),2012,36(1):165-169.

6 低渗透薄互层油藏压裂技术应用

6.1 重复压裂施工效果

依据压裂优化得到的参数，对 25 口已压裂施工井的部分层位开展重复压裂施工。这些层中有一部分在第一次压裂施工时发生了砂堵，施工被迫停止，产生的裂缝有效导流能力有限，储层没有得到较好的改善。还有一部分是通过生产过程进行产水量和抽吸测试分析，认为仍有足够的剩余可采储量和地层能量。有一定的地质储量，这是重复压裂工艺成功的物质基础。因此在已有的射孔层位上，采用双封单卡压裂工艺，对这些层位实施二次压裂加砂改造[1-2]，重新撑开原有裂缝，促使其延伸，增大导流能力。但是所采用的压裂工艺参数与第一次相差很大。

因为 San Jordge 盆地三个区块储层与隔层最小水平主应力差值很小并且储层中已经存在人工裂缝，在压裂施工过程中裂缝易于延伸至隔层。为了控制缝高确保压裂效果，对施工排量、液体黏度、支撑剂用量、前置液量、总液量进行了综合优化，参数控制范围施工排量为 $1.9 \sim 2.5 m^3/min$、压裂液体黏度为 $20 \sim 30 mPa \cdot s$、支撑剂量为 $14 \sim 22 m^3$、前置液量为 $30 \sim 40 m^3$、支撑剂浓度为 $380 \sim 480 kg/m^3$、支撑剂类型选用 20/40 目。经过压裂优化，压裂施工过程中没有出现压裂砂堵，确保了压裂施工的正常进行，降低了施工成本。其次压裂优化后的施工程序对于压裂裂缝的缝高控制起到了很大作用，同时压裂裂缝的缝长得到了增加。储层的体积得到有效改造，由此压后达到了很好的生产效果。以下以 E-3156 井、PC-2144 井、E-3225 井为例来说明压裂改造效果。通过图 6.1 至图 6.3 可以看出，压后产量明显高于压前产量，均实现了压裂增产目的，产液量及产气量均得到大幅提升，增加了井的生产时间，及时回收成本。压裂改造获得了阿根廷油田的高度认可。

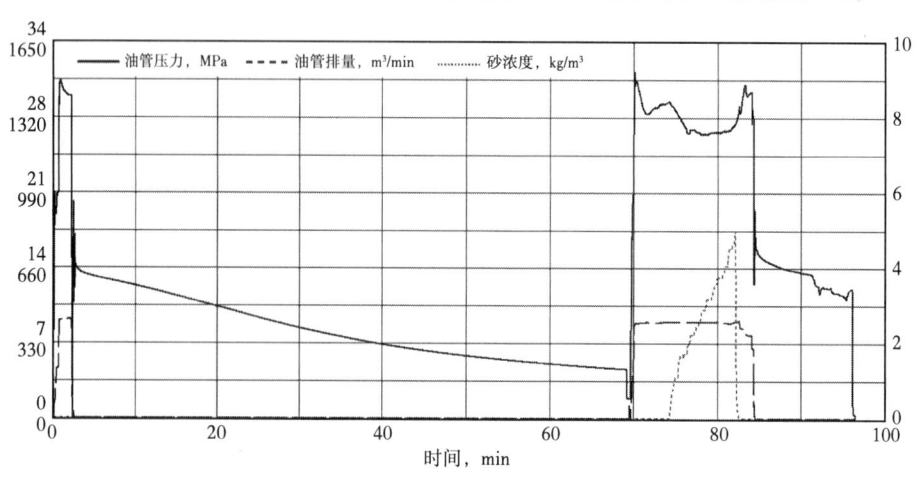

图 6.1 E-3156 井压裂施工曲线

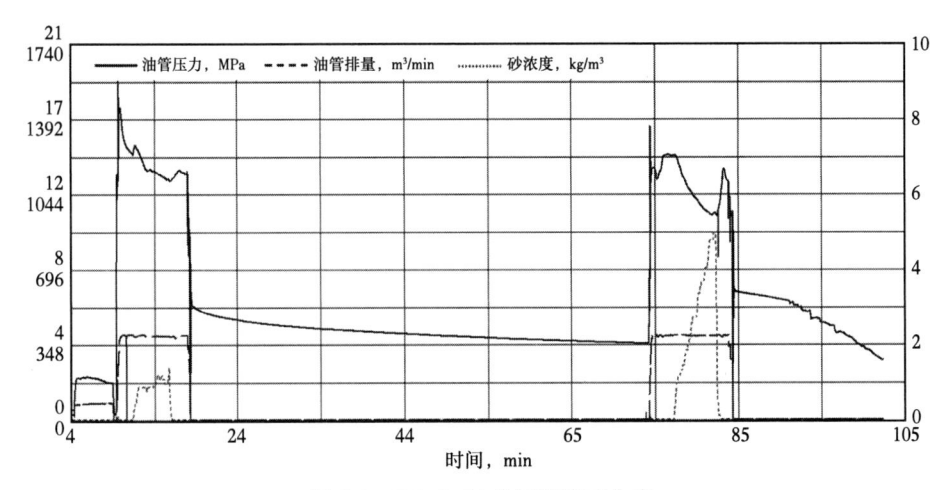

图 6.2　PC-2144 井压裂施工曲线

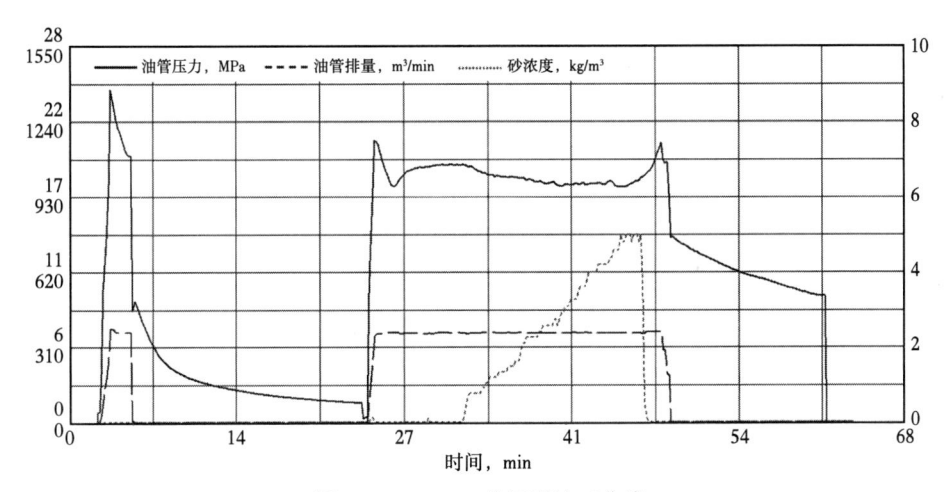

图 6.3　E-3225 井压裂施工曲线

由图 6.4 至图 6.7 和表 6.1 可以看出，E-3156 井、PC-2144 井、E-3225、MEN-3419 井经过压裂改造后，产油量获得大幅提升，生产时间增加至 10 多个月，日产油量分别由原来的 4.3m³、0m³、3.5m³ 增加至 14.3m³、19m³、17m³，累计产油量均超过 4000m³，收益分别达到 320 万美元、270 万美元、210 万美元，该类井的压裂增产获得收益均远大于压裂施工成本，为尽快收回投资提供了极大的帮助。

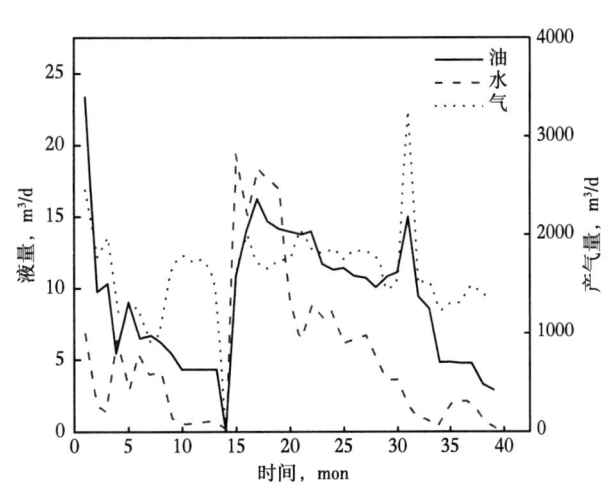

图 6.4　先射孔后压裂 E-3156 井

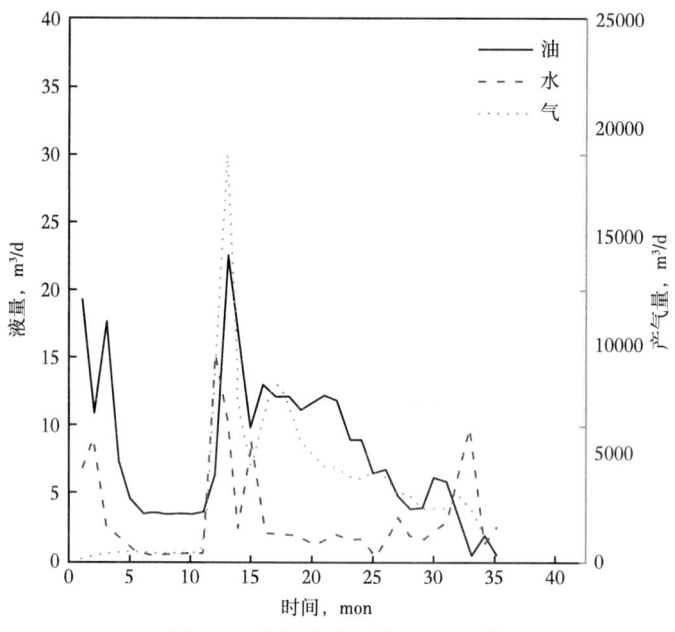

图 6.5 先射孔后压裂 E-3225 井

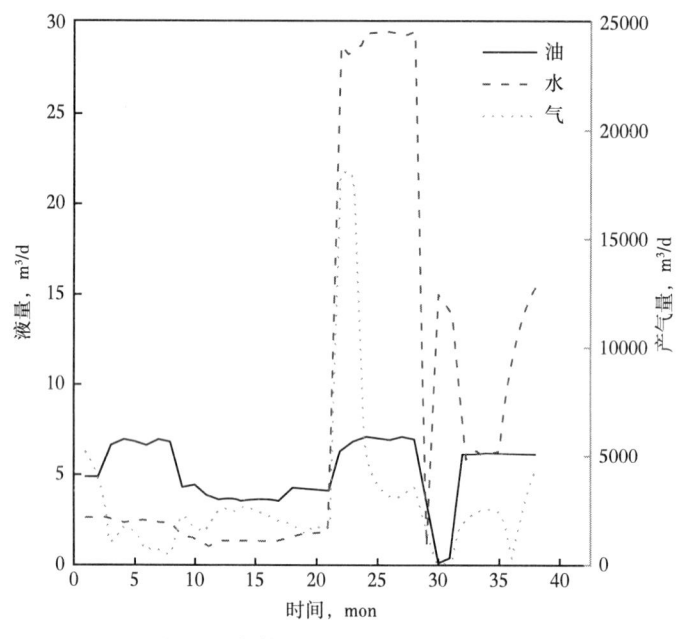

图 6.6 先射孔后压裂井 MEN-3149 井

表 6.1 压裂优化后改造效果

井名	压裂前		压裂后		增油气	
	油, m³/d	气, m³/d	油, m³/d	气, m³/d	增油, m³	增气, m³
E-3156	4.3	1557	14.3	2000	6994	1040000
E-3225	3.5	415.00	19	18983.00	5185	2900000
PC-2144	0	0	17	7350.37	4632	750000

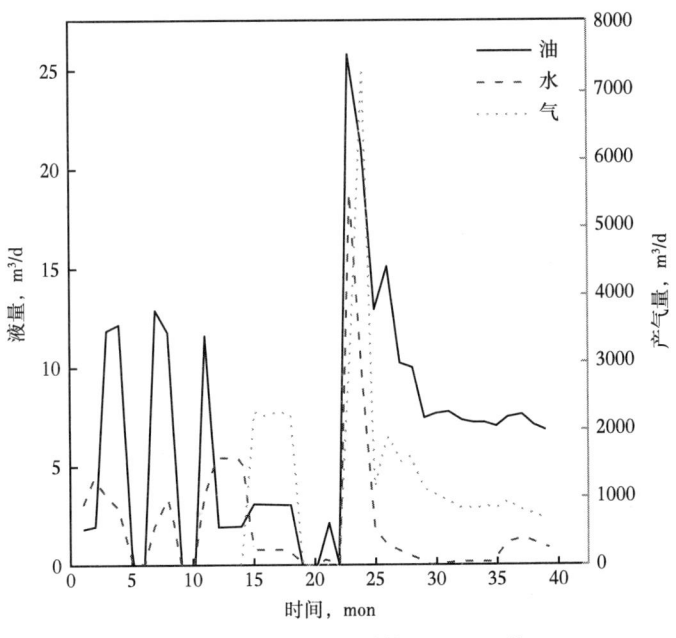

图 6.7 先射孔后压裂井 PC-2144 井

表 6.2 为三口井与邻井生产数据的对比，可以看出经过压裂优化后的井 90d 内平均产量均比未经压后优化的井产量高，最高井产量可达到 40%。

表 6.2 试验井与邻井效果对比

井名	90d 压后产量, m³/d	邻井	30d 压后产量, m³/d	增加比例,%
E-3156	14.3	E-3158 E-3152	11.2	27.6
E-3225	19	E-3215 E-3222	15	26.6
PC-2144	17	PC-2152	12	41%

6.2 清洁压裂液试验井分析

采用清洁聚合物压裂液及多薄层压裂工艺技术[3-6]，对圣豪尔赫盆地 M-4043 井进行 2 层压裂改造，施工参数与设计参数符合率 100%。压后平均日产油 19m³、日产气 3000m³，现已稳产 150 多天，累计产油 2500m³，是邻井同期产量的 2~8 倍，多薄层压裂技术对圣豪尔赫盆地储层的改造效果十分显著。

6.2.1 施工概况

M-4043 井是 M 区块中新增的一口直井（图 6.8），类型为开发井，相邻井的产量数据如图 6.9 所示，压裂初期平均日产油 10m³。该井采用 ϕ139.7mm 套管完井，需要对 2340~2346m 和 1505~1513m 两个层段储层实施压裂增产施工。该井压裂增产施工的最大难点是第2段，位于1505～1513m层段上部10m（1485～1497m）为高含水层，若压裂施工过程中，裂缝高度不加以控制，易于延伸至上部含水层，造成压裂后期产水量高，为此选用低黏度清洁压裂液进行该井两个层段的施工，并采用相应的压裂参数共同控制裂缝高度。

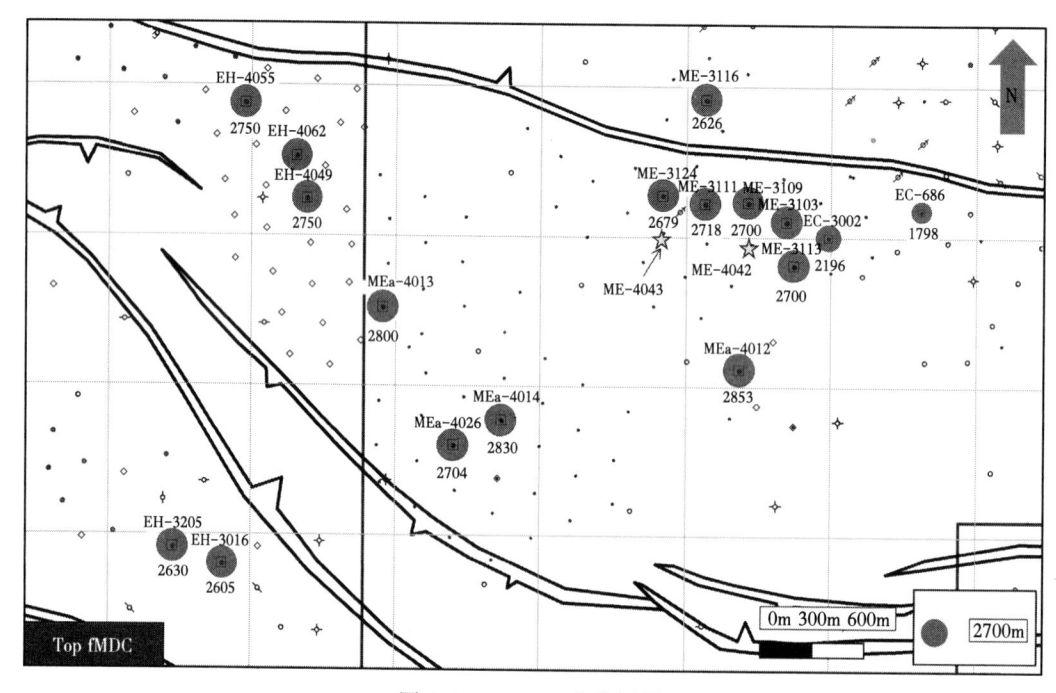

图6.8　M-4043井位置图

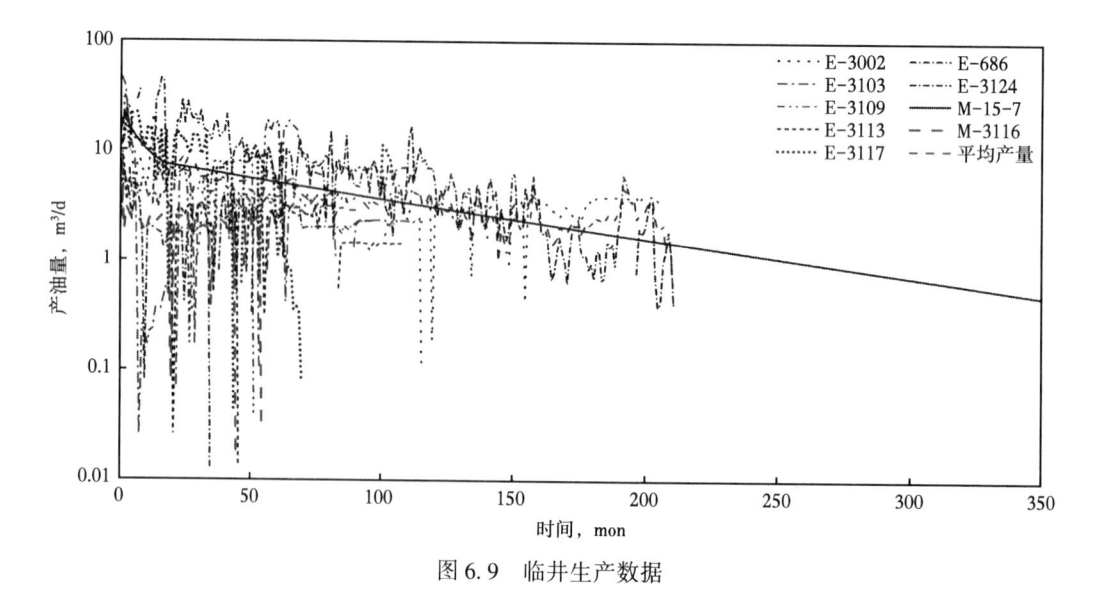

图6.9　临井生产数据

6.2.2　压裂液体现场试验

由于清洁压裂液体与矿化度高水质难以交联，而阿根廷圣豪尔赫盆地各个油田区块用于配置压裂液体的水质相差很大，所以需要进行现场液体性能试验。采用M区块水质与两种温度体系的压裂液体进行配置,并用旋转黏度计进行液体流变测试,所得到的液体黏度在 60mPa·s 上下,符合施工要求(图 6.10、图 6.11)。

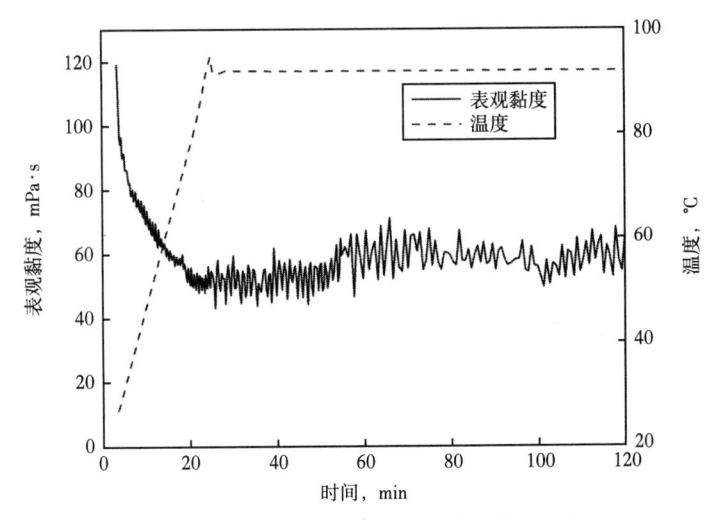

图 6.10 适合于储层温度 90°压裂液体流变实验

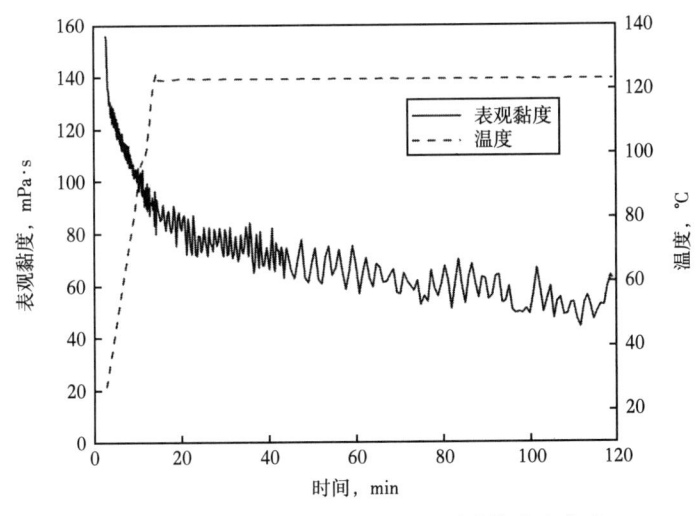

图 6.11 适合于储层温度 120°压裂液体流变实验

在压裂现场分别进行了清洁压裂液体交联试验和破胶试验,试验结果良好。

(1)交联后的液体性能可以满足的最高携砂浓度为 4kg/m³,满足该井压裂设计对支撑剂浓度要求(图 6.12)。为增加低黏度清洁压裂液体的悬砂浓度,在增加一定稠化剂浓度的基础上,支撑剂浓度可以进一步增加至 4.5~5kg/m³。

(2)交联液体在水浴锅中 10min 即破胶彻底。破胶后的压裂液体清澈透明,如图 6.13 所示。破胶彻底的清洁压裂液体对储层的污染将大幅降低,在压后返排过程中,破胶后的压裂液体会全部从储层中排出至地面。

143

图 6.12 现场配制压裂液体悬砂试验 　　　　　图 6.13 现场配制压裂液体破胶试验

6.2.3 压裂施工

（1）第 1 段施工分析（2340~2346m）。

第 1 段压裂施工之前，进行小型压裂测试用于获取储层性质。对施工曲线进行 G 函数分析，可以看出滤失类型为常规滤失，地层破裂压力为 28.3MPa，破裂压力梯度为 0.013MPa/m，该破裂压力位于 M 区块最小水平主应力区间内，易于破裂，对于主压裂施工而言相对容易。压裂液效率 52.6%，该层主压裂施工液体配方不需要进一步调整（图 6.14、图 6.15）。

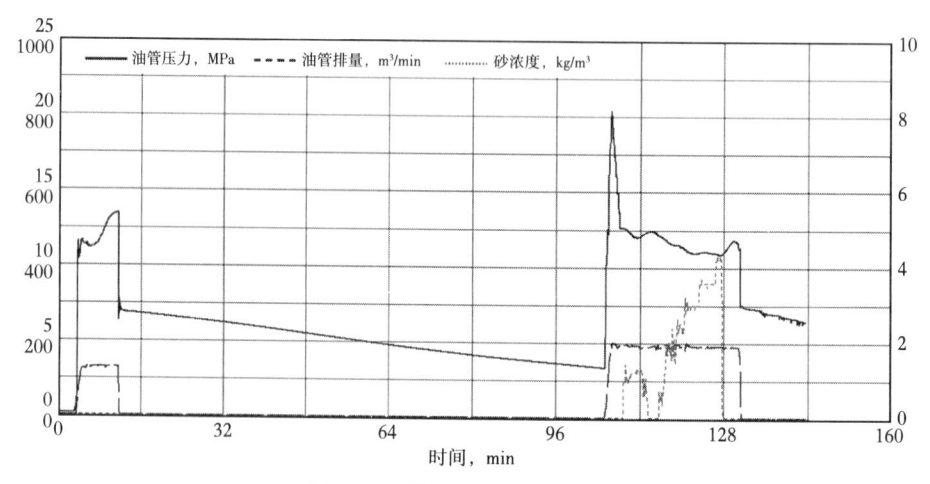

图 6.14 第 1 段压裂施工曲线

施工排量为 2.1m³/min，液量为 47m³。选用此参数是为了更好地增加裂缝在纵向和横向上的尺寸。选用了 100 目支撑剂作为段塞，对储层进行降滤操作，封堵储层天然裂缝，增加裂缝净压力。段塞加入以后，加入 20/40 目支撑剂，用于支撑裂缝。5400kg 支撑剂，

全部运移至储层。由于 2340~2346m 储层的上下两侧均没有含水层，所以选用的压裂参数相对较大。该储层的有效渗透率相对较大，压裂施工结束，测压降 30min，油压快速降至 2MPa 以下。

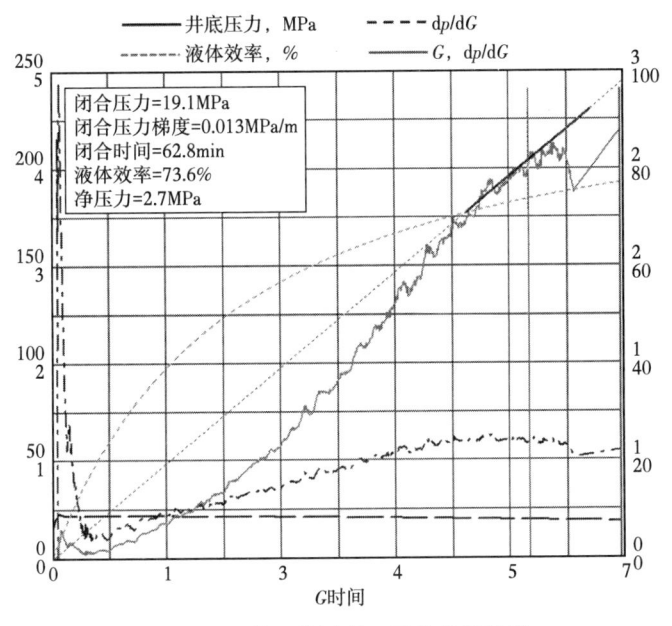

图 6.15 第 1 段压裂 G 函数分析曲线

采用 FracproPT 软件对第 1 段的压裂施工曲线进行压后拟合，通过拟合的数据可以看出，裂缝高度为 23m，支撑高度 17.9m；支撑长度为 62.1m，平均裂缝宽度为 4.2mm（图 6.16）。人工裂缝没有沿缝高方向过度延伸，裂缝长度方向得到相应的增加，提高了储层改造体积。

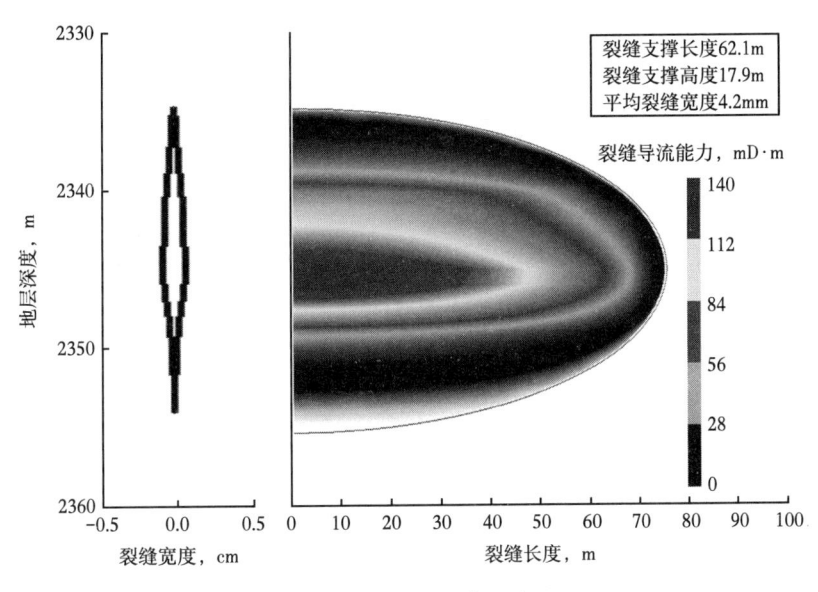

图 6.16 裂缝拟合尺寸

（2）第2段施工分析（1505~1513m）。

第2段小型压裂测试曲线进行 G 函数分析，由图6.17和图6.18可以看出滤失类型为缝高滤失，地层破裂压力19.1MPa，破裂压力梯度为0.014MPa/m，该破裂压力位于M区块最小水平主应力区间内，易于破裂，对于主压裂施工而言相对容易。压裂液效率73.6%，该施工层位相对致密，采用低黏度清洁压裂液能够在储层中产生主裂缝。

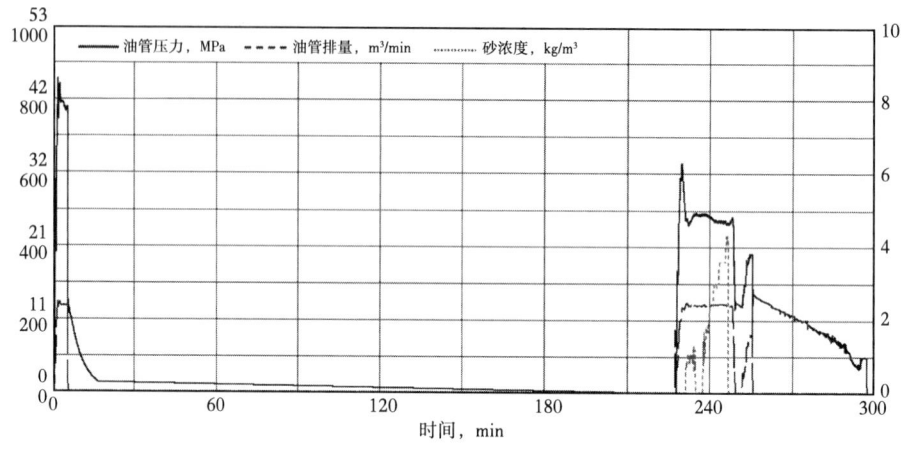

图6.17 第2段压裂施工曲线

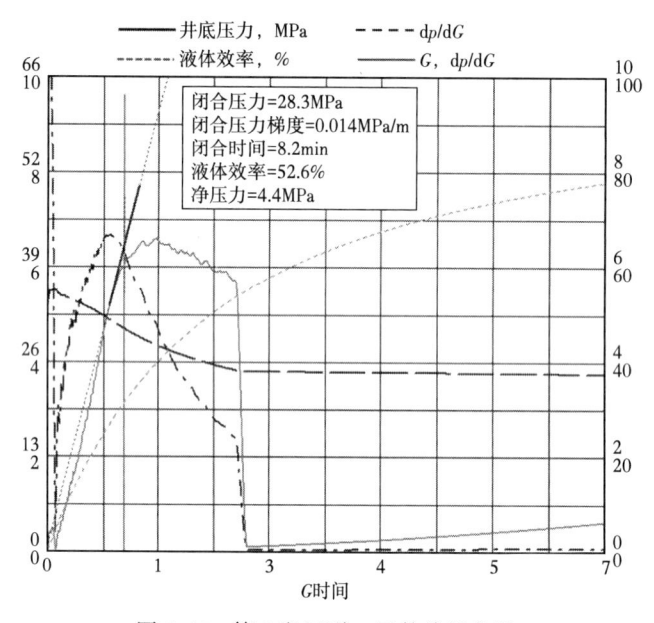

图6.18 第2段压裂 G 函数分析曲线

第2段压裂施工，由于该储层的上部有高含水层，为了降低裂缝的高度延伸，为此降低压裂参数数值，施工排量降为1.9m³/min，液量降为43m³。以此增加裂缝长度，降低裂缝高度。选用100目支撑剂作为段塞，对储层进行降滤操作，封堵储层天然裂缝，增加裂缝净压力。段塞加入以后，加入20/40目支撑剂，用于支撑裂缝。5400kg支撑剂，全部运移至储层。此层的渗透率解释数值为1mD，压裂后测试施工压力降，下降速度很慢，测压降30min压力降至5MPa，压力下降速度大幅减小。

采用FracproPT软件对第2段的压裂施工曲线进行压后拟合，通过拟合的数据可以看出，裂缝高度为18m，支撑高度13m；支撑长度为79.1m，平均裂缝宽度为4.2mm；裂缝向上延伸的程度并没有突破上部的高含水层（图6.19）。说明压裂参数选择合理，低黏度的压裂液体起到了控制裂缝高度的作用。在储层中产生了一个条长而矮的裂缝，尽可能地沟通了储层面积，增加了储层的改造体积。

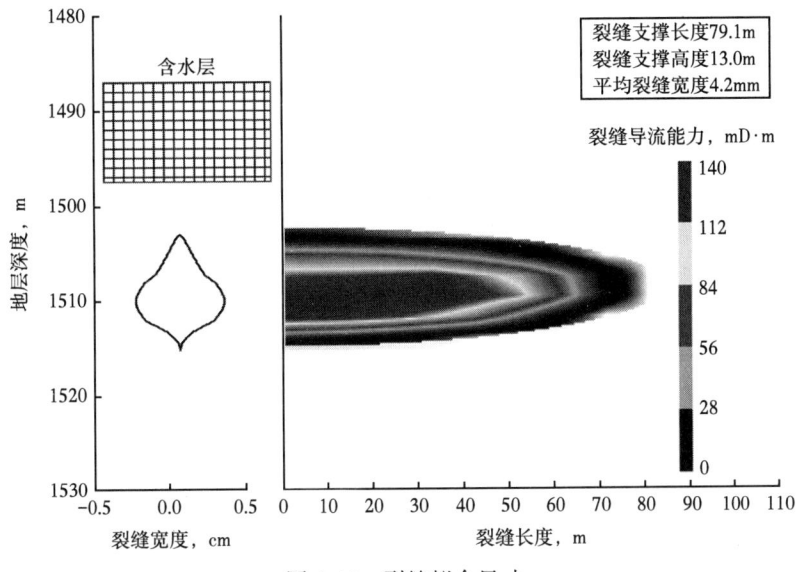

图6.19 裂缝拟合尺寸

采用清洁压裂液在圣豪尔赫油田M区块对M-4043井，成功进行了2个层位的压裂施工和压裂液体服务。2层段的压裂施工顺利完成，施工参数与设计参数符合率100%，具体参数见表6.3。

表6.3 施工参数

施工参数	第一段（2340~2346m）	第二段（1505~1513m）
施工排量，m^3/min	2.4	1.9
压裂液量，m^3	47	43
支撑剂，kg	100目+20/40目 13100	100目+20/40目 11000
最大砂浓度，kg/m^3	3.5	3.5
前置液比例，%	45	45

6.2.4 压裂增产效果

2016年10月，成功对M-4043井实施两层压裂施工，该井压后已经稳产5个月，已累计产油超过2500m^3，远高于邻井M-3124、M-3117、M3109投产前5个月的310m^3、1390m^3和980m^3（图6.20）。

图6.21为4口井的含水率对比。M-4043井含水率在30%左右，并具有继续降低的趋势。低于邻井M-3124井80%的含水率，证明控制裂缝高度，防止沟通水层方法是正确且有效的。

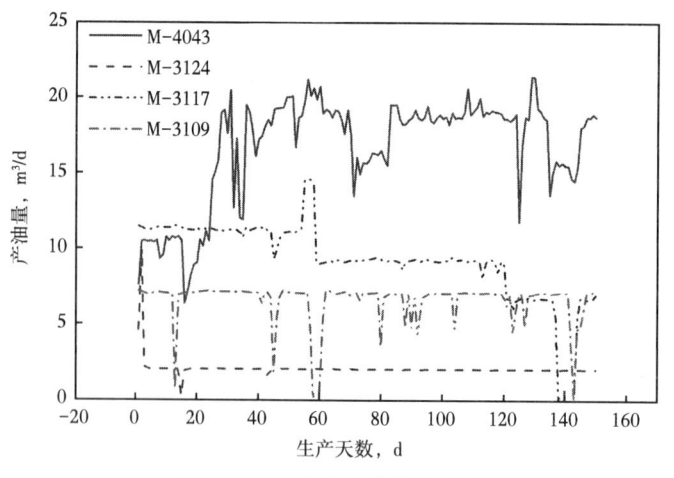

图6.20 5个月生产数据对比

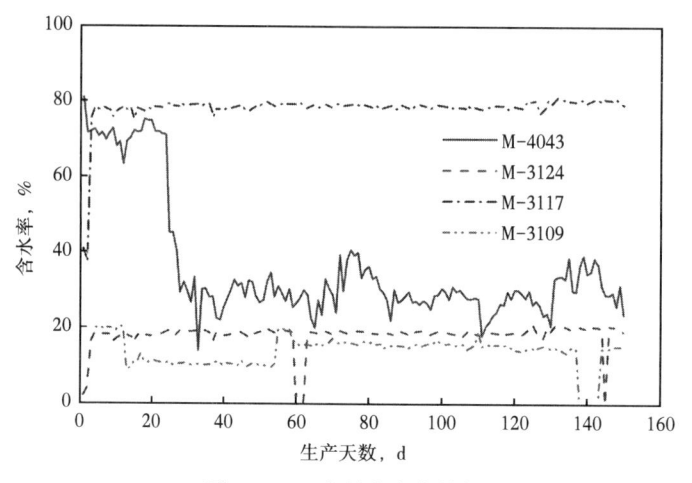

图6.21 5个月含水率数据

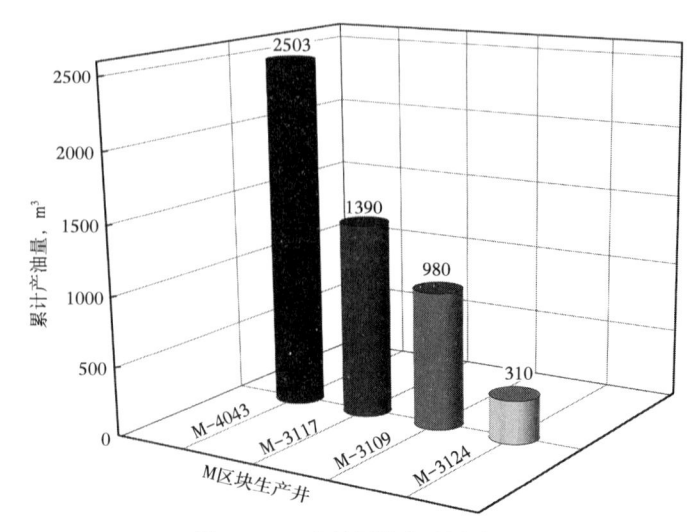

图6.22 5个月累计产油量对比

由图6.22可知，从M-4043井的压后效果来看，多缝压裂工艺技术有效提高了圣豪尔赫盆地M区块储层的改造效果，实现了控制裂缝高度、增加改造体积、提高裂缝导流能力的目的，大幅提高了单井油气产量、降低了施工成本，在圣豪尔赫油田具有良好的经济潜质和大规模推广应用的前景。

参 考 文 献

[1] 卢修峰，邱敏，韩东，等．低渗透薄互层多级分压简捷工艺［J］．石油钻采工艺，2011，33（3）：113-115，118.

[2] 白晓虎，陆红军，庞鹏，等．超低渗透油藏五点井网水平井无阻重复压裂技术研究与应用［J］．钻采工艺，2016，39（3）：57-59，73，130.

[3] 吴琼，曹红燕，黄敏，等．新型低伤害清洁减阻水压裂液体系研究及应用［J］．钻采工艺，2019，42（6）：94-97.

[4] 李科，荣雄，王增存，等．新型表面活性剂清洁压裂液体系研究及应用［J］．钻采工艺，2019，42（6）：134-136.

[5] 刘斌．新型阴/非离子复合表面活性剂清洁压裂体系［J］．断块油气田，2019（1）：28.

[6] 付文耀，冯松林，韦文，等．清洁压裂液返排液驱油体系性能评价及矿场应用［J］．大庆石油地质与开发，2018，37（3）：114-119.

附录1 清洁压裂液优化泵注程序#基液作为前置液

程序	油管净液量 m³	油管排量 m³/min	砂比 %	累计液量 m³	阶段砂量 m³	备注
前置液	35.0	2.2	—	35.0	—	压裂液基液
高挤携砂液1	8.0	2.2	7.0	43.0	0.6	20/40目陶粒
高挤携砂液2	15.0	2.2	12.0	58.0	1.8	20/40目陶粒
高挤携砂液3	16.0	2.2	18.0	74.0	2.9	20/40目陶粒
高挤携砂液4	19.0	2.2	24.0	93.0	4.6	20/40目陶粒
高挤携砂液5	15.0	2.2	28.0	108.0	4.2	20/40目陶粒
顶替基液	8.6	2.2	—	116.6	—	压裂液基液
总计	116.6	—	—	116.6	14.0	—

水力压裂结束后测压力降30min

附录2 清洁压裂液优化泵注程序#变排量施工

程序	油管净液量 m³	油管排量 m³/min	砂比 %	累计液量 m³	阶段砂量 m³	备注
前置液	35.0	1.5	—	35.0	—	压裂液基液
高挤携砂液1	8.0	2.0	7.0	43.0	0.6	20/40目陶粒
高挤携砂液2	15.0	2.0	12.0	58.0	1.8	20/40目陶粒
高挤携砂液3	16.0	2.0	18.0	74.0	2.9	20/40目陶粒
高挤携砂液4	19.0	2.0	24.0	93.0	4.6	20/40目陶粒
高挤携砂液5	15.0	2.0	28.0	108.0	4.2	20/40目陶粒
顶替基液	8.6	2.0	—	116.6	—	压裂液基液
总计	116.6	—	—	—	14.0	—

附录3 清洁压裂液优化泵注程序#大砂量

程序	油管净液量 m³	油管排量 m³/min	砂比 %	累计液量 m³	阶段砂量 m³	备注
前置液	35.0	1.5	—	35.0	—	交联液体
高挤携砂液1	12.0	2.2	7.0	47.0	0.8	20/40目陶粒
高挤携砂液2	17.0	2.2	14.0	64.0	2.4	20/40目陶粒
高挤携砂液3	23.0	2.2	20.0	87.0	4.6	20/40目陶粒
高挤携砂液4	26.0	2.2	26.0	113.0	6.8	20/40目陶粒
高挤携砂液5	20.0	2.2	32.0	133.0	6.4	20/40目陶粒
顶替基液	8.6	2.2	—	141.6	—	压裂液基液
总计	141.6	—	—	—	21.0	—